Vom T2 zum Camper

VW-Bus-Umbau leichtgemacht

Impressum

HEEL Verlag GmbH
Gut Pottscheidt
53639 Königswinter
Telefon 0 22 23 / 92 30-0
Telefax 0 22 23 / 92 30 26
Mail: info@heel-verlag.de
Internet: www.heel-verlag.de

Verantwortlich für den Inhalt:
Ralf Wenzlau

Lektorat:
Jost Neßhöver

Fotonachweis:
Archiv Autor
Jan Strunk

Lithographie, Satz und Gestaltung:
Ralph Handmann

Printed in Slovenia

ISBN: 978-3-95843-041-9

Vom T2 zum Camper

VW-Bus-Umbau leichtgemacht

HEEL

D
K 12
FÜ VW73H

INHALT

D
K 12

Vorwort

Eigentlich wollte ich ja das Nummernschild mit VW 79 haben, wie das Baujahr des VW-Busses, aber das war schon vergeben, also habe ich ihn älter gemacht (VW 73). Mit solchen und ähnlichen Dingen beginne ich die Wiederbelebung des orangefarbenen Klassikers – und stelle nicht zum ersten und nicht zum letzten Mal fest, dass immer wieder Kompromisse gemacht werden müssen. Eins ist sicher: Die Restaurierung und der Ausbau zum reisetauglichen Bus bleiben spannend.

Dieses Werk ist allen gewidmet, die schöne Erinnerungen an eine Zeit haben, in der sie selbst mit einem VW-Bus T1 oder T2 unterwegs waren.

Außerdem möchte ich natürlich Anregungen geben, sich etwas zuzutrauen und sich in ein Ausbauprojekt mit dem schönen Hintergrund der Oldtimerei zu stürzen. Ich habe das nun zum dritten Mal gemacht, und es scheint ein robustes Virus zu sein, von dem man nicht geheilt werden kann.

Übrigens sind alle Arbeiten so beschreiben, dass sie stellvertretend für möglichst viele Probleme stehen können, die sich bei den Arbeiten an einem alten, aber einigermaßen gut erhaltenen Wagen ergeben. Sie werden also nicht alle Restaurierungsarbeiten finden, die jemals an einem solchen Objekt nötig sein können. Aber Sie finden genügend Anregungen, um auch mit jenen Dingen fertigzuwerden, die sich auch an anderer Stelle auftun.

Wir wollten übrigens auch keine Restaurierung nach Zustandsnote 1 hinlegen, da wir uns bei jeder noch so kleinen Beschädigung dann mächtig geärgert hätten. Zudem wären dann auch die Kosten aus dem Ruder gelaufen. Eine Zustandsnote von 2 bis 3 war unser Ziel. Dem Fahrzeug dürfen auch gewisse Gebrauchsspuren angesehen werden. Es ist ja schon etwas älter … (wie wir selbst, und das Leben ist auch nicht spurlos an uns vorübergegangen).

An dieser Stelle möchte ich nochmals allen Danke sagen, die am Ausbau mitgeholfen und mich als Projektleiter ertragen haben, allen voran das Team, bestehend aus meiner Familie, meiner Frau, unsere beiden Töchtern und ihren Freunden.

Dank gebührt auch den Mitarbeitern jener Firmen, die uns bei der Beschaffung von Teilen, die teilweise eigentlich nicht mehr lieferbar waren, doch noch zum Erfolg verholfen haben. Diese Mitarbeiter haben sich viel Zeit für unsere Anliegen genommen.

DIE VORGESCHICHTE

Ü VW73H

Kaufen oder nicht kaufen?

Angefangen hat alles mit dem Satz eines Bekannten: „Es gibt bei uns hinter der Verwaltung einen Spezialisten für VW-Busse.“ Die Verwaltung der Firma, für die mein Bekannter arbeitet, befindet sich in einem Gewerbegebiet unweit einer kleineren Großstadt und einer wirklichen Großstadt. Nun, das war vor mittlerweile etwa vier Jahren. Als ich gelegentlich etwas Zeit hatte und nicht mehr wusste, welche Ziele ich mit meinem Motorrad ansteuern sollte, dachte ich, ich fahre mal zu dem Bus-Doktor.
Da stand er: Ein 79er T2 in Signalorange! Einfach zwischen weiteren Fahrzeugen wie einem Citroën Pallas, einem Mitsubishi und etlichen Bussen abgestellt. Ein ehemaliges Behördenfahrzeug. Der äußere Zustand war schon fast zu perfekt. Ich glaubte zu träumen.

Was nun tun? Kann ich mir noch einen Oldie ins Haus holen? Wie sage ich es meiner Frau? Wir hatten um 1975 schon einmal einen solchen VW-Bus in der gleichen Farbe ausgebaut und mit einer Westfalia-Campingeinrichtung versehen. Da wurden alte Erinnerungen wach. Mittlerweile sind unsere beiden Töchter groß und stehen längst auf eigenen Beinen.
Ich ließ mir ein paar Tage Zeit mit der Entscheidung, fürchtete, für meine Frau und mich allein könnte das Vorhaben, noch einmal einen Bus auszubauen, vielleicht doch ein bisschen zu viel sein. Immerhin hatten wir so etwas in jungen Jahren gleich zweimal unternommen. Erst hatten wir einen T1, damals von der Post in Fernmeldegrau, und dann einen ehemaligen Schulbus, daher das Signalorange, zu Campingwagen ausgebaut.

Ein Zustandsbericht

Ich hatte den VW-Bus an einem Sonntag zum ersten Mal gesehen und fuhr gleich anderntags hin, um mich nach dem Preis zu erkundigen. Zu Hause hatte ich nur erzählt, was ich gesehen hatte. Sonst nichts. Der Bus-Spezialist war ein sehr netter Mensch etwa in meinem Alter. Ich sah mir den Bus nun genauer an, und der Zustand erwies sich als ziemlich gut. 33.456 Kilometer original auf der Uhr. 31 Jahre alt, also war auch die H-Zulassung möglich.
Innen fand sich eine etwas abgenutzte Behördeneinrichtung, vermutlich vom Katastrophenschutzeinsatz. Außen trug der Bus noch den Originallack in sehr gutem Zustand. In beiden Radhäusern und im Motorraum waren kleine Löcher zu schweißen. Der Unterbodenschutz war hinüber, und darunter fanden sich wenige kleinere Anrostungen.

Verhandlungen

Doch zunächst war von Verkauf gar nicht die Rede. Der Bus-Doktor sagte, er wolle den Wagen für sich selbst aufheben und irgendwann fertigmachen. Ich blieb jedoch hartnäckig und erfuhr schließlich einen Preis: Wenn alles gemacht wäre, sagte der Bus-Doktor, wolle er 9500 Euro haben. Nun, ich ging erst mal wieder, um mich über die aktuellen Notierungen zu informieren. Schnell stellte sich heraus, dass der Preis nicht von schlechten Eltern war. Meine Vorstellung nach der Preisermittlung lag bei 7500 Euro.
Mit der ganzen Familie, Frau, Töchter und Schwiegersöhne in spe, ging es dann zum Händler, und wir sahen uns den VW-Bus gemeinsam an. Alle waren begeistert! Unsere Mädels wussten, dass wir schon mal einen VW-Bus hatten, und waren voller Begeisterung. Das weckte in mir die Idee fürs Familien-Projekt: Wir würden, so wir den Bus kaufen, alles gemeinsam machen. Jeder trägt nach bestem Können dazu bei, den VW- zum Camping-Bus umzubauen. Dann können alle Familienmitglieder damit Urlaub machen oder ins Wochenende fahren.
Zuerst kamen aber noch die Probefahrt und ein gründlicher Check auf der Hebebühne. Dort bestätigte sich mein schon zuvor gewonnener Eindruck. Es gab einige Nachlackierungen, das aber war's dann auch.

MEISTERWE
KARL WE
WWW.DER-BUS
FUCHS
FUCHS
FU DS 166

Jetzt kam die Preisverhandlung. Ich bot an, den VW-Bus ohne TÜV und H-Gutachten vom Hofe zu kaufen, freilich nicht zum geforderten Preis. Nach der Eröffnung zog sich die Verhandlung hin. Wir haben wohl zwei oder drei Stunden lang verhandelt. Das Ergebnis: Der Verkäufer schweißt noch die drei Löcher zu, und der Kaufpreis beträgt 7500 Euro.
Ich bin sofort bei uns im Ort zur GTÜ-Prüfstelle gegangen und habe alles angefragt, was für Hauptuntersuchung und H-Gutachten erforderlich ist. Die haben sich leider etwas schwer getan. Also noch einmal beim Bus-Experten angerufen. Dort war gleich in der Woche darauf ein Termin für beides zu bekommen. Alles glatt gelaufen! Historisch zugelassen und fertig! Geht doch! Meinen mittlerweile fast 50 Jahre alten Alfa bekomme ich schließlich auch immer ohne Mängel durch.
Jetzt durften alle Familienmitglieder die ersten Runden mit dem VW-Bus fahren und das Feeling der späten 70er Jahre erleben. Das ist noch Autofahren pur! Das Grinsen war aus den Gesichtern gar nicht mehr herauszubekommen. Wen wundert's?
Mir kam es vor, als wäre ich erst gestern aus dem Vorgänger-Bus ausgestiegen. Es war einfach nur schön, und der neue fuhr sich wie der alte vor 30 Jahren. Schöne Erkenntnis: Was Ralfchen gelernt hat, kann Ralf immer noch!

Ohne Planung geht nichts

Wir haben uns dann alle zusammengesetzt und besprochen, was sich jeder so vorstellt. Vorab hatte ich Fachbücher konsultiert sowie im Internet Bilder und Unterlagen über die Campingbusse der damaligen Zeit recherchiert. Überdies besaß ich noch technische Unterlagen. Wir kamen zu dem Schluss, dass wir den VW-Bus wieder genau so herrichten wollten wie die VW-Campingbusse seinerzeit waren. Die vorhandene Einrichtung sollte übernommen und nur unwesentlich verändert werden. Äußerlich sollte der Wagen so weit wie möglich wie das Behördenfahrzeug aussehen, das er schließlich einmal war. Keine der geplanten Änderungen sollte die H-Zulassung gefährden. Wir begannen bei der Technik. Auspuff, Wärmetauscher und Standheizung waren nicht betriebsfähig. Die Verkabelung wies verwirrend viele Leitungen und nicht nachvollziehbare Verbindungen auf.

Bei Volkswagen habe ich mich in der historischen Kommunikation nach den Daten des Fahrzeugs erkundigt. Leider wurde mir nur bedingt weitergeholfen. Immerhin gab es in Kopie eine Bedienungsanleitung.

Der alte Bus macht allen Spaß, auch den jüngeren Familienmitgliedern.

Nach den technischen Daten der Standheizung fragte ich vergeblich. Beim Hersteller Eberspächer wurde ich auch nicht fündig. Die Heizung BA6 sei ausschließlich für Volkswagen gebaut worden, und Volkswagen habe damals auch Kundendienst und Ersatzteilversorgung übernommen. Man könne keine Unterlagen mehr zur Verfügung stellen.

Zahlreiche Teile haben wir im Internet besorgt, darunter die Heizbirnen rechts und links, Heizschläuche, Schutzrohre und vieles mehr. Irgendwann werden wir auch ein Blaulicht auftreiben, das auf den Adapter auf dem Dach passt. Immerhin ist es möglich, ein – funktionsuntüchtiges – Blaulicht auf dem Dach zu fahren.

Die Heim-Werkstatt

Unsere Werkstatt besteht aus einem doppelten Carport mit einer anschließenden Garage für ein Fahrzeug. Der Bus war unter dem Carport auf einer mobilen Hebebühne um etwa 60 Zentimeter angehoben, sodass er rundum gut zugänglich war.

Unsere Werkstatt verfügt über Luftdruck- und Staubsauger-Anschlüsse innen und außen. Leihweise verfügen wir auch über ein Schutzgasschweißgerät.

Alle notwendigen Werkzeuge sind vorhanden. Spezialwerkzeuge werden bei Bedarf ausgeliehen oder angeschafft, sofern sich dies lohnt.

K 12
Fü VW73H
DUNLOP
ALPINE

2

TECHNIK ANPASSEN

Manche Vorschriften haben sich geändert, seit der Bus einst vom Band lief und seit ich meine ersten Erfahrungen mit Aus- und Umbauten gemacht habe. So sind etliche technische Besonderheiten, die beim Ausbau meines ersten VW-Busses 1970 überhaupt noch keine Rolle spielten, heute unbedingt zu beachten.
Beim zweiten Ausbau, Basis war ein T2b von 1975, habe ich eine Westfalia-Campingeinrichtung als Bausatz gekauft und eingebaut. Fertig. Dinge wie Sicherheitsgurte und ihre fachgerechte Anbringung waren früher gar kein Thema. Da helfen heute aber bewährte Fachzeitschriften wie Oldtimer PRAXIS und Oldtimer MARKT und natürlich das Internet.
Sicher ist sicher und gute Vorbereitung hilft manchen Ärger vermeiden. Also ging es zum Beratungsgespräch zum TÜV.

Nicht ohne Prüfung

Zunächst musste geklärt werden, welche Umbauten überhaupt gemacht werden dürfen, damit die begehrte H-Zulassung erhalten bleibt. Parallel dazu habe ich noch den Rat eines mir bekannten Sachverständigen eingeholt. Ich wollte sichergehen, dass ich wirklich alle Möglichkeiten, die sich aus den Vorschriften ergeben, nutzen kann.

Hier das Ergebnis:

- Grundsätzlich sind größere Umbauten nicht so einfach machbar. Das Fahrzeug muss so, wie es in der Zulassung vermerkt ist, auch belassen bleiben.

- Das Fahrzeug darf auch nur so umgebaut werden, dass sein Erscheinungsbild dem entspricht, das es einst bei der Zulassung besaß.

- Eine Nutzungsänderung in der Zulassung ist nicht möglich. Beispiel: Ein Büromobil kann nicht zu einem Wohnmobil neu zugelassen werden.

- Es können aber die vorhandenen Einbauten umfunktioniert werden, sodass eine neue Nutzung etwa als Wohnmobil möglich ist. Ein Beispiel: Nichts spricht dagegen, den alten Formularschrank als Geschirrschrank zu verwenden.

- Es darf ein Abwassertank ein- oder angebaut werden.

- Die Sitzbänke dürfen mit neuen Beschlägen versehen werden, damit eine Liegefläche zum Schlafen entsteht.

- In die Sitzbank darf zum Beispiel ein Kocher eingebaut werden.

- Der Einbau einer Gasanlage, wie sie früher in Campingbussen üblich war, ist hingegen nicht gestattet. Der Gebrauch der Gasanlage in einem echten alten Westfalia-Camper ist natürlich nach wie vor gestattet. Fest eingebaute Gasanlagen müssen regelmäßig überprüft werden. Die alten gibt es nicht mehr und der Einbau einer neuen bedeutet den Verlust des Oldtimer-Status.

- Tagfahrlicht ist nicht zu realisieren, auch nicht mit zusätzlichen Leuchten.

- Der Einbau eines Hubdachs für Stehhöhe ist grundsätzlich möglich, bedeutete hier aber einen größeren Umbau und hätte den Charakter des Busses stark verändert.

- Der Einbau eines weiteren Schranks ist gestattet, sofern er den vorhandenen Möbeln ähnlich ist.

- Die farbliche Abstimmung von Polstern und Einbauten sollte sich an dem orientieren, was zur Zeit der Zulassung des Fahrzeugs üblich war.

Die wichtigsten Fragen waren also beantwortet: Der alte Bus ließ sich durchaus zum Camper umbauen, und die H-Zulassung war nicht in Gefahr. Wir konnten also loslegen.

Der Unterbodenschutz muss runter

Das Jahr neigte sich unterdessen seinem Ende zu. Viele Arbeiten konnten wir nicht mehr erledigen. Am wichtigsten erschien uns zunächst die Entfernung des Unterbodenschutzes. Der hing nur in Fetzen und Bruchstücken herab. Diese Arbeit haben wir ganz komfortabel mit Trockeneisstrahlen bei einer Firma in der nächsten Kleinstadt gemacht. Ich habe dabei mitgeholfen und so die Zeitkosten ein bisschen verringert.

Namen und Anschriften der Firmen, mit denen wir im Laufe der Restaurierung gute Erfahrungen gemacht haben, finden sich am Ende des Buchs. Sie sollen als Anregung dafür dienen, an welche Art von Betrieben und Lieferanten man sich wenden kann, wenn man für ein ähnliches Projekt wie das unsere Teile und Hilfe benötigt.

3

INNENAUSBAU, DIE ERSTE

Vor dem Aufbau kommt der Ausbau

In der Winterpause wurden dann die ersten Einkäufe erledigt. Darunter waren die komplette Abgasanlage mit Heizung und den Heizschläuchen sowie Schutzrohre für die Unterflurinstallation. Die Heizungsanlage, Heizbirnen, Klappen und Verbindungsstücke gibt es noch oder wieder bei Volkswagen-Classic, also beim VW-Händler.
Nun mussten die Einbauten aus dem Fahrzeug ausgebaut werden. Schränke, Bänke und der Boden der alten Behördeneinrichtung mussten raus. Für die neuen Einbauten sollten die gleichen Beschläge verwendet werden wie jene an den vorhandenen. Erst nach langem Suchen ließen sich im Internet die passenden Türbeschläge finden.

Alles muss raus

Schränke, Bänke und Bodenplatte waren binnen eines Nachmittags ausgebaut. Der Ausbau der Wandverkleidungen war noch allein zu bewerkstelligen. Für die Dachinnenverkleidung hingegen bedurfte es der Hilfe einer zweiten Person, um sicherzustellen, dass sie sich ohne Beschädigung abnehmen ließ. Wir wollten die Einrichtung und die Verkleidungen soweit wie möglich wieder verwenden.
Nach dem Ausbau der Einbauteile präsentierte sich der Bus, wie auf den nächsten Bildern zu sehen ist, fast wie neu.
Auf dem Dach war einst eine Funkantenne montiert gewesen. Deren Montageöffnung war vor dem Verkauf mittels einer Schraube samt Unterlegscheibe und Dichtung verschlossen worden.
Die Schweißarbeiten an den Radhäusern vorn und hinten im Motorraum hatte ja noch der Verkäufer erledigt, und so wurden die Nähte von uns nur noch nachbearbeitet.
Die Hohlräume hinter den Verkleidungen im Innenraum präsentierten sich zu unserer Überraschung im Neuzustand. Nur am Boden und an den Befestigungspunkten für die Sicherheitsgurte gab es etwas Rost. Außerdem war die Umgebung jener Löcher etwas rostig, in denen die Schrauben saßen, mit denen die Bodenplatte befestigt war.

Nach dem Ausräumen zeigt sich: Der Innenraum ist glücklicherweise bestens erhalten.

Zu den kleineren erforderlichen Arbeiten zählten kleinere Schweißaktionen an den vorderen Radhängern.

Das frühere Büro ist ausgeräumt. Der Ausbau kann beginnen.

Ein wenig Arbeit machten uns die alten Befestigungspunkte.

Glücksfall: Die Hohlräume waren makellos.

Alle Löcher wurden zugeschweißt und mit der Schruppscheibe geglättet. Roststellen wurden mit der Drahtbürste blank geschliffen.

Entrostungsarbeiten am Fußboden

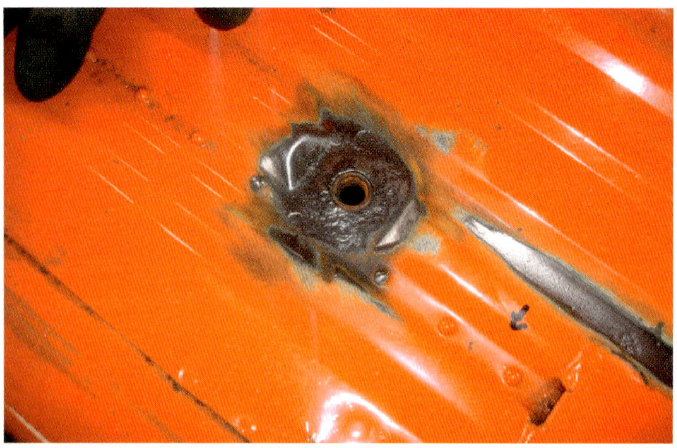

Alles muss runter bis aufs blanke Blech.

Anschließend, als alle Löcher für die Durchbrüche etwa für die Wasserversorgung gemacht waren, wurde der Bereich mit Grundierung gestrichen.

Bitumenanstrich

Um das Bodenblech gegen Feuchtigkeit zu schützen, haben wir mit einem Pinsel einen Bitumenanstrich auf den Fahrzeuginnenboden aufgebracht.

Die Vorbereitung des Innenraums

Nachdem soweit alle Rüstarbeiten vorgenommen waren, folgten die ersten Montageschritte für die Einbauten. Der Innenraum war ja nun rostfrei und vorbeugend behandelt. Nun wurden alle Löcher, die nicht mehr benötigt wurden, mit Schraubstopfen oder mit Schrauben, Unterlegscheiben und Muttern verschlossen.

Alle Schraubstopfen und Verschraubungen wurden mit Fett behandelt. So bleibt gewährleistet, dass sie sich bei Bedarf leicht wieder lösen lassen. Zudem verhindert das Fett Korrosion durch eindringendes Wasser im Gewindebereich.

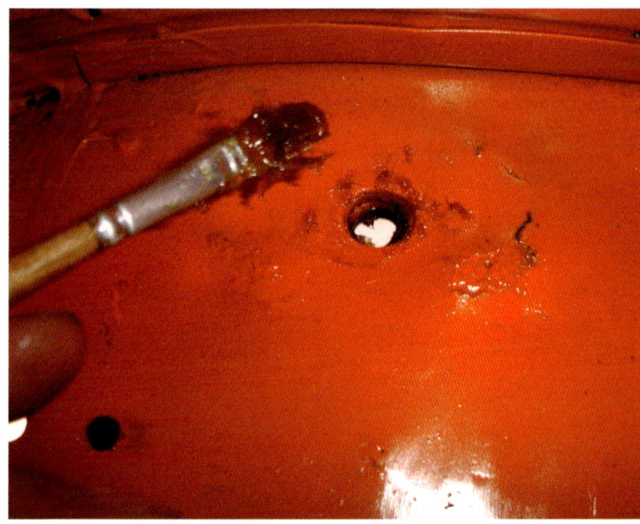

Fett schützt vor Rost …

… und sorgt dafür, dass die Schraubstopfen lösbar bleiben.

Der Abwassertank

Für den Abwassertank musste ein Durchlass in der Bodenplatte geöffnet werden. Zuerst wurde die Position des Einlaufs für den Abwassertank festgelegt.
Da eine gewisse Maßungenauigkeit bei der Montage des Abwassertanks und eine gewisse Dynamik im Betrieb zu erwarten sind, wurde der Bodendurchlass etwas größer als unbedingt nötig gewählt. Der Abwasserschlauch hat rund 20 mm Durchmesser, der Bodendurchlass etwa 40mm. Er wurde mit einer Stichsäge ausgesägt und der Rand mit Rostschutzfarbe gestrichen.
Als Bodendurchlass wurde eine Wanddurchführung für Wohnmobilheizungen verwendet. Sie musste nur in der Länge angepasst werden. Die Verschraubung wurde von unten mit dem Weichplastikteil (Dichtung) und Silikon eingesetzt und von oben verschraubt.

Bodendurchlass für den Abwassertank mit Verschraubung

Loch mit Durchblick für den Wassertankdeckel

Wassertankdeckel zum Befüllen des Frischwasserbehälters von außen

Ein Deckel für den Wassertank

Als nächster Schritt war die Wanddurchführung für den Frischwasserbehälter zu öffnen. Dazu muss man sich natürlich im Klaren darüber sein, wo genau der Wasserbehälter eingebaut werden soll. In unserem Fall war das der untere Teil des Kleiderschranks, damit das Geräusch des im Tank schwappenden Wassers gedämpft bleibt. Das Loch für die Wanddurchführung wird dann mit der Stichsäge in die Seitenwand gesägt.

Der Rand der Wanddurchführung wurde mit Unterbodenschutz eingestrichen. Wo der Einfüllstutzen am Ende auf dem Karosserieblech aufliegt, habe ich ihn mit Karosserieschutzfett bestrichen. Das dient dann nach dem Anziehen der Befestigungsschrauben als Dichtmittel.

Der Frischwasserbehälter wurde also unten im Einbauschrank montiert. Er ist nach dem Einbau nicht mehr zu sehen und wurde mit Styropor als Geräuschdämmung gegen das Wasser-Schwappen eingepackt. Es bleibt nur eine Serviceöffnung für die Pumpe und die Reinigung.

Der Frischwasserbehälter mit Füllstutzen und Pumpenanschluss, ...

... und von oben mit geöffneter Serviceöffnung

Rostschutz für die Hohlräume

Um die offenen Hohlräume gegen Korrosion zu schützen, haben wir sie mit Karosserieschutzfett, das bei etwa 100 Grad Celsius verarbeitet werden muss, behandelt. In die Hohlräume, die nicht mit dem Pinsel erreichbar sind, wurde das Karosserieschutzfett mit einer langen beweglichen Düse eingespritzt. Das System wird mit Luftdruck betrieben, ähnlich einer Lackierpistole.

Die Arbeiten sind gefährlich, da das Karosserieschutzfett sehr heiß ist!

Wichtig sind Schutzbrille, -handschuhe und -kleidung.

Wichtig ist auch ein Feuerlöscher in der Nähe, um schnell erste Löscharbeiten ausführen zu können. Niemals Wasser zum Löschen eines Fettbrandes nehmen!

Die Bilder zeigen, was benötigt wird: Karosseriefett, hier im 5-Liter-Gebinde, Einplattenherd mit Kochtopf zur Erhitzung des Fettes sowie die Sprühpistole mit Schlauch und Hakendüse. Ein Trichter dient zum Einfüllen des Karosserieschutzfettes in den Sprühbehälter.

Von uns wurden immer nur kleine Dosen (halber Sprühbehälter) verarbeitet, um ein Verhärten durch Abkühlung im Düsenschlauch und im System zu vermeiden.
Wir haben somit immer nur einen kleinen Bereich oder Abschnitt bearbeitet.
Bei der Verwendung von Pinseln muss darauf geachtet werden, dass der Pinsel Naturhaare hat, denn Kunststoffhaare verschmelzen sich sofort beim Eintauchen des Pinsels in das heiße Karosserieschutzfett.

Das Karosserieschutzfett ...

... muss erwärmt ...

... und in eine Luftdruck-Sprühflasche gefüllt werden.

Die Isolierung

Als Isolierung des Busses wurde von uns Styropor verwendet. Es lässt sich leicht und praktisch verarbeiten. Wir haben Platten verwendet, wie sie im Baumarkt zu kaufen sind. Bei Rundungen wurden dünnere Platten, die sich leichter biegen lassen, in mehreren Schichten verbaut.
Die Stärke der Isolierung hängt von der Tiefe der Hohlräume in der Karosserie ab. Auf eine Isolierung unzugänglicher Hohlräume etwa mit PU-Schaum haben wir bewusst verzichtet. Beim Ausschäumen besteht die Gefahr, dass der Hohlraum eingedrungenes Wasser nicht mehr abgibt und ganz sicher ein Rostnest entsteht.

Styroporzuschnitt

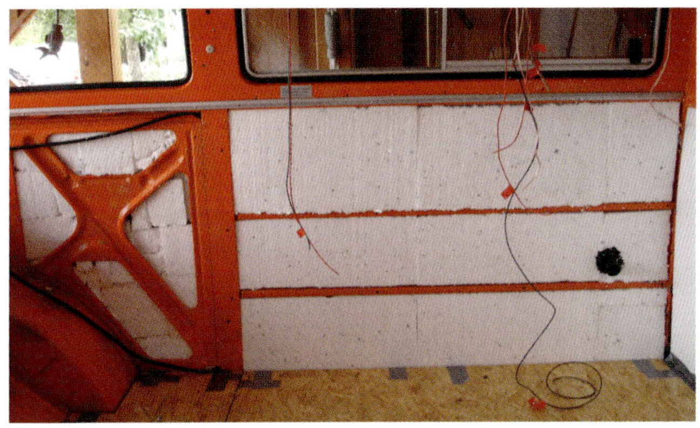

Einpassen in die Seitenwände

Isolierte Seitenwand

Befestigungsleisten der Seitenverkleidungen

Die Befestigungsleisten der Seitenverkleidungen waren in feuerverzinkter Ausführung gehalten. Dies sieht aber nicht schön aus, besonders im Wohnbereich. Die Befestigungsleisten wurden abgebaut, leicht angeschliffen und mit einem silberfarbenen Metalliclack gespritzt. Anschließend wurden die Befestigungsleisten mit Hohlnieten wieder befestigt.

Halteleiste rechts

Halteleiste links

Befestigung mit Hohlnieten

Die Bodenplatte

Dann wurde die Bodenplatte ausgemessen und zurechtgeschnitten. Sie besteht aus einer 22-mm-Spanplatte, die später mit einem Kunststoffbodenbelag beklebt werden sollte. Auf den lässt sich dann noch ein herausnehmbarer Teppichboden legen.

Einpassen von Teil 2

Erste Anprobe der Bodenplatte

Die Bodenplatte besteht aus zwei Teilen, da die Rohplattengröße keine andere Möglichkeit zuließ. Dies ist aber kein Problem, denn wir haben die Plattenteile am Stoß mit sechs Metallbolzen verbunden. Auch die Bodenplatte wurde von unten mit einem Bitumenanstrich versehen.
Um später Quietschgeräusche zwischen der Bodenplatte und dem Fahrzeugbodenblech zu vermeiden, haben wir die Bodenplatte unten mit einer Trittschalldämmmatte (Stärke ca. 3mm) beklebt.

Verbindungsbolzen sorgen für sicheren Halt.

Trittschalldämmung

Die Bodenplatte ist eingepasst.

Die Bodenplatte wurde mit vier M6-Schrauben, die vorher an den Sitzaufnahmen angeschweißt wurden, mit dem Fahrzeug verschraubt.

Die Innenverkleidungen

Da die Verkleidungen nicht alle vorhanden waren – sie fehlten an der Heckklappe und an der Schiebetür –, mussten sie neu angefertigt werden. Darüber hinaus sollten auch Seitenverkleidungen unter den hinteren Fenstern eingebaut werden. Der ursprünglich eingebaute Himmel bestand aus zwei Pappelsperrholzplatten, die mit einer PVC-Folie beschichtet waren.
Diese Folie hatte eine leichte Gewebestruktur und ist im einschlägigen Handel überhaupt nicht mehr zu bekommen. Es gibt nur noch Folien mit ganz leichter Gewebestruktur. Es musste jetzt aus Hunderten von Mustern das richtige ausgewählt werden.

Schnittvorlagen aus Wellpappe für die Schiebetür …

… und für die Seitenverkleidungen

Für die Schnittform der neuen Verkleidungen, die aus 4 mm starken Pappelsperrholz-Platten geschnitten werden sollten, haben wir zunächst Vorlagen aus Wellpappe hergestellt.
Die groben Maße der Innenverkleidungen, die wir uns selbst angefertigt haben, sind hier nachfolgend einmal als Bilder mit Maßen aufgeführt. Was Radien und Befestigungspunkte betrifft, sollten diese vom Fahrzeug direkt abgenommen werden, da sich immer wieder herausgestellt hat, dass es von Fahrzeug zu Fahrzeug Unterschiede gibt. Die Fertigungsmethoden waren bedingt durch die vielen manuellen Arbeiten bei der Herstellung der Fahrzeuge entsprechend unterschiedlich.
Auf den Schablonen zeigt ein schwarzer Pfeil auf die obere Kante. Alle Maße sind in cm angegeben.

Schiebetür mit Schlossausschnitt

Maße in cm
Breite: 111,5
Höhe: 67,7

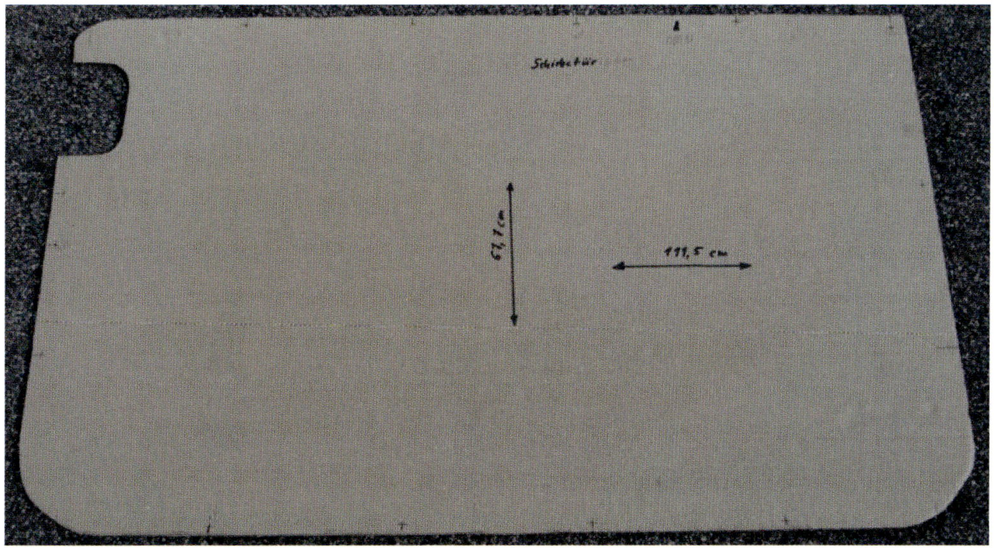

Die untere Trennwand zwischen Fahrerraum und Wohnbereich. Unten finden sich die Ausschnitte für den Warmluftaustritt der Heizung.

Maße in cm
Breite oben: 152,4
Breite unten: 155,5
Höhe: 76,75

Die Seitenränder sind gerundet

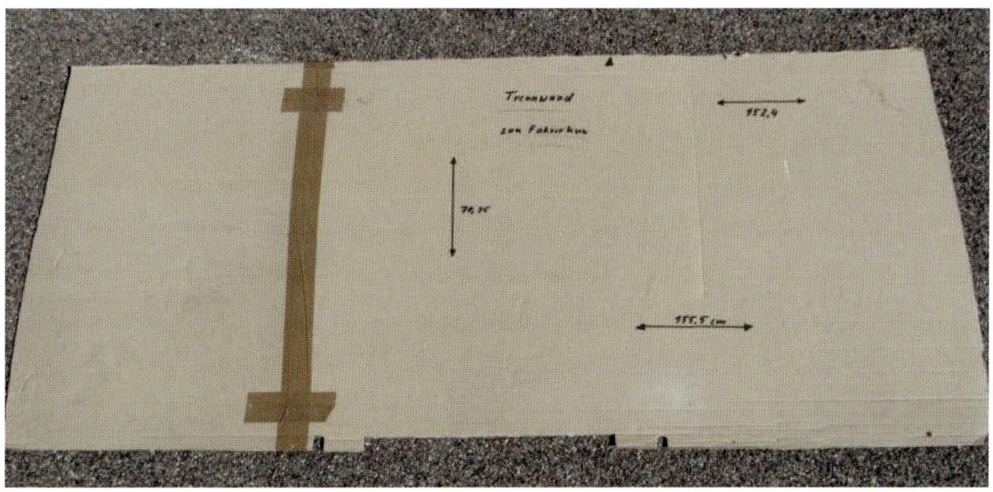

Heckklappenverkleidung

Maße in cm
Breite: 119,6
Höhe: 27,5

Die Radien der abgerundeten Ecken sind oben anders als unten!

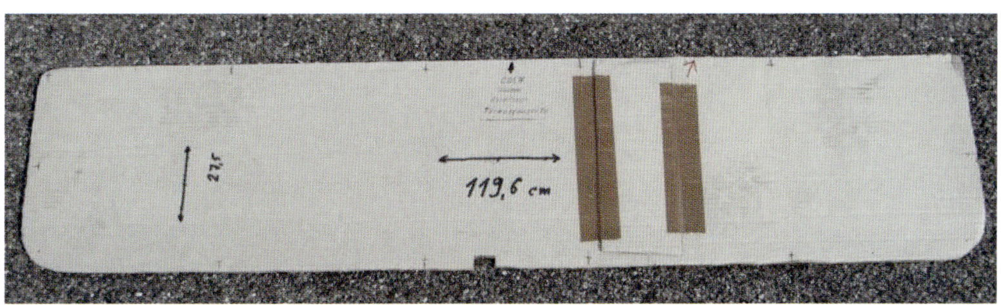

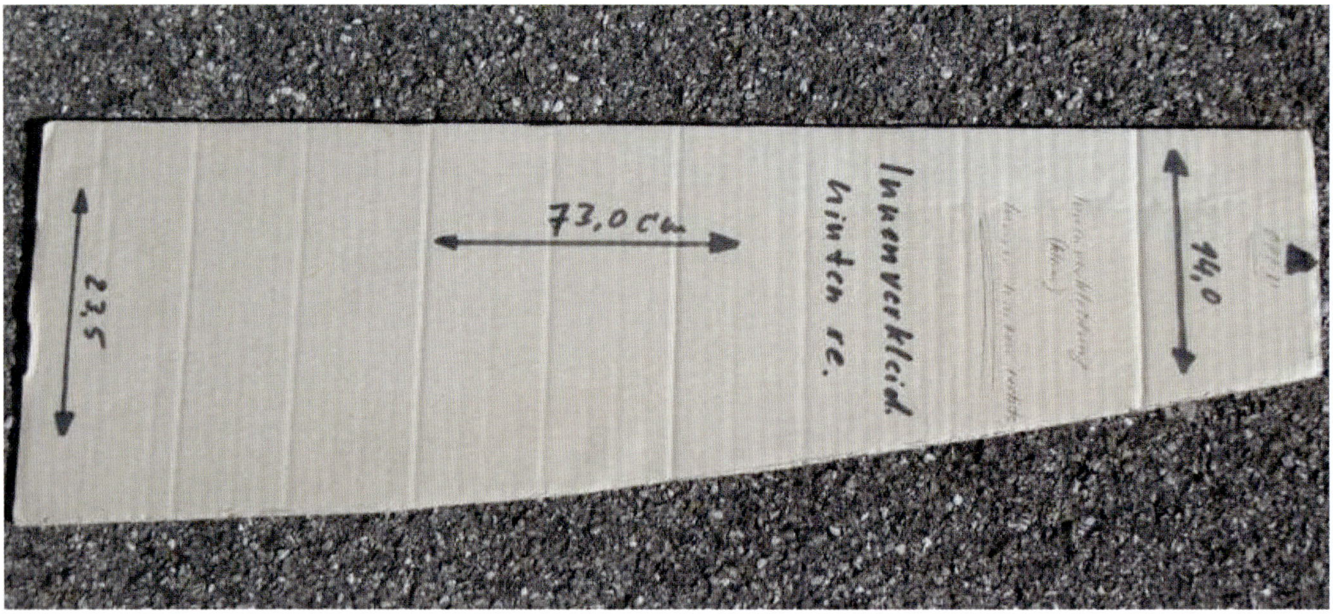

Innenverkleidung hinten rechts

Maße in cm
Breite oben: 14,0   Breite unten: 23,5   Höhe: 73,0

Der rechte Rand beschreibt eine leichte Kurve, die am Fahrzeug abgenommen werden muss.

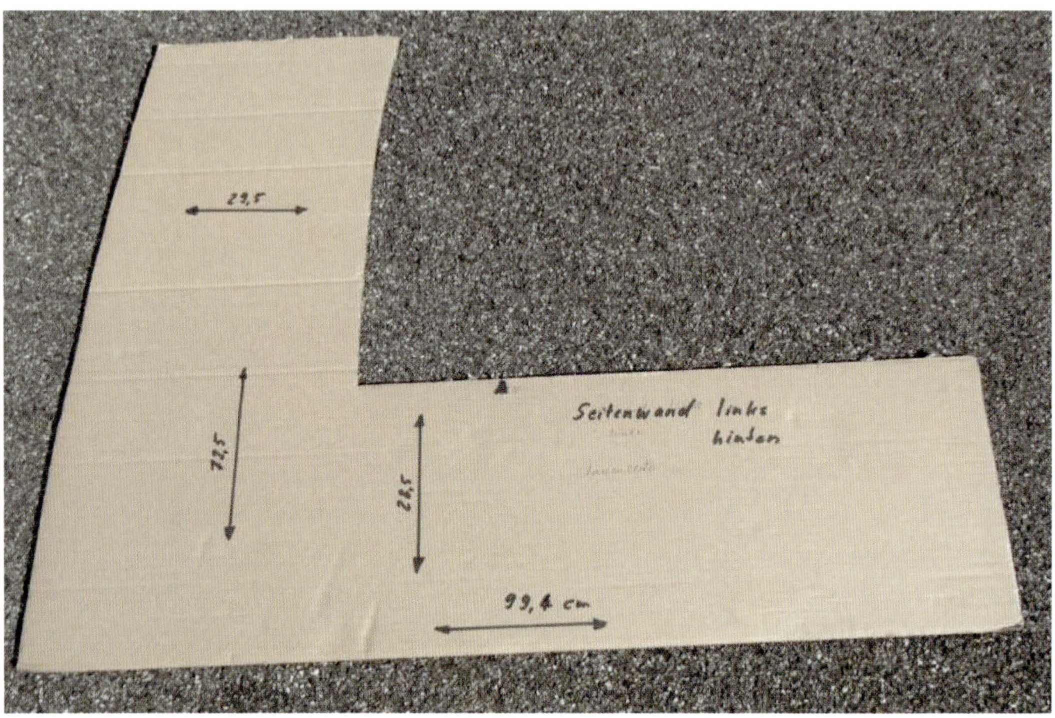

Innenverkleidung hinten links

Maße in cm
Breite oben: 29,5
Breite unten: 99,4
Höhe links: 79,5
Höhe unten: 28,5

Der linke Rand ist gerundet und muss vom Fahrzeug abgenommen werden!

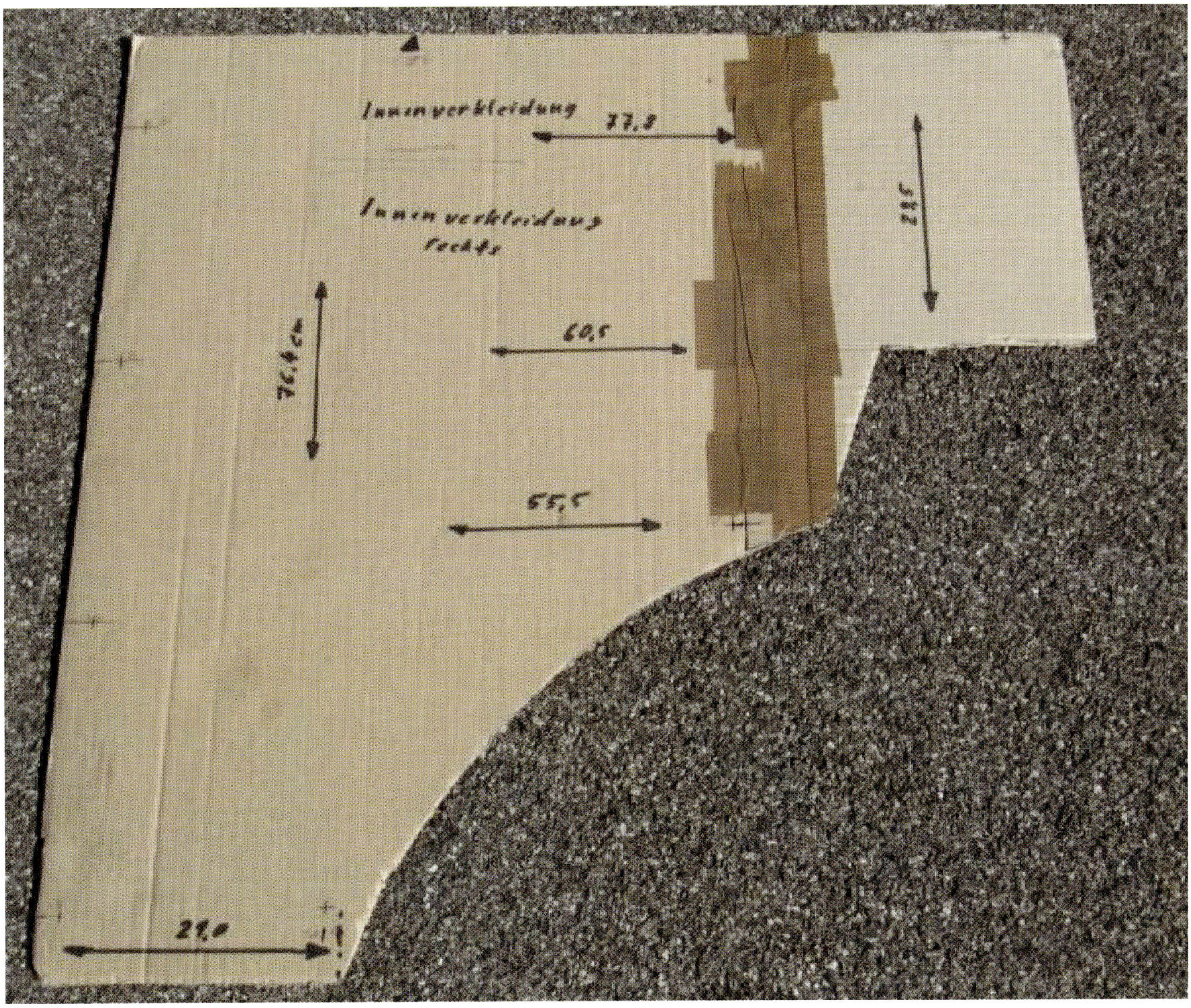

Innenverkleidung hinten rechts

Maße in cm

Breite oben: 77,8	Breite Mitte 1: 60,5	Breite Mitte 2: 55,5
Breite unten: 29,0	Höhe links: 76,4	Höhe rechts: 22,5

Der Radkastenverlauf ist gerundet und muss vom Fahrzeug abgenommen werden!

Am Ende hatten wir Glück. Eine Firma, die Autofolien anbietet, hatte eine sehr große Auswahl, sodass wir ein sehr ähnliches Bezugsmaterial in fast gleicher Farbe bekommen haben. Leider ist die Oberflächenstruktur nicht so grob wie bei der damals verbauten Folie.
Das Ablösen der alten Folien war unterschiedlich schwierig. An einigen Stellen hatten sie sich bereits gelöst respektive aufgelöst, an manchen jedoch ließ sich die alte Folie einfach nicht abziehen.
Mit Wärme ließ sich das Problem dann lösen. Da half uns auch ganz einfach die Sonne bei Außentemperaturen von mehr als 30 Grad Celsius. Die Folie ließ sich mit dem Spachtel anheben und großflächig ablösen. Ansonsten sorgte ein Heißluftföhn für die erforderlichen hohen Temperaturen.

Das Ablösen der alten Folien …

… geschieht von Hand und mit Spachtel

Beim Zuschneiden …

… und fertig eingebaut

Montage der Innenverkleidungen

Vor der Montage der Innenverkleidungen wurden die Hohlräume zusätzlich zur Fettbehandlung mit Kriechöl eingesprüht. Dies verläuft sich in die kleinsten Ritzen und Hohlräume und bildet somit einen weiteren Schutz gegen den Rost. Schon vorhandener Rost wird weitgehend gestoppt.
Die Innenverkleidungen erhielten eine Dampfsperre zum Innenraum. Die Dampfsperre haben wir aus Plastikmüllsäcken geschnitten und mit einem dichten Verpackungsklebeband auf die Seitenverkleidungen aufgeklebt. Die Funktion ist dadurch gegeben, dass die umgelegte Außenverkleidungsfolie im äußeren Teil die Funktion mit übernimmt. Abgedichtet zum Wagenkörper wird die Dampfsperre beim Anliegen an den Wagenkörper durch das eingebrachte Karosserieschutzfett.

Einbringen von Kriechöl zur Rostvorsorge

Die Verkleidungen der Schiebetür ...

Zuschneiden und Aufkleben der Dampfsperre

... und der Heckklappe

Montage des PVC-Bodens

Im Innenraum sollte ein PVC-Boden als robuste Unterlage dienen, die auch etwas Feuchtigkeit verträgt. Wir haben einen hellen PVC-Boden gewählt. Auf den soll später ein herausnehmbarer Teppichboden gelegt werden.
Den PVC-Boden haben wir so zugeschnitten, dass er den gesamten Fußboden auch unter den Möbeln bedeckt. So lässt sich der gesamte Innenraum leicht reinigen. Der PVC-Boden ist mit der Bodenplatte verklebt. An den Radhäusern will das Material entsprechend den Rundungen zugeschnitten sein.
Zwischen den Seitenverkleidungen und dem Bodenbelag haben wir eine selbstklebende Knickleiste aus PVC (Sockelleiste) verklebt.

Zuschneiden des PVC-Bodens

Kraftkleber zum Ankleben

Unten: Die Teile für Boden und Radkästen wollen entsprechend den Rundungen angepasst sein (s. auch S. 35).

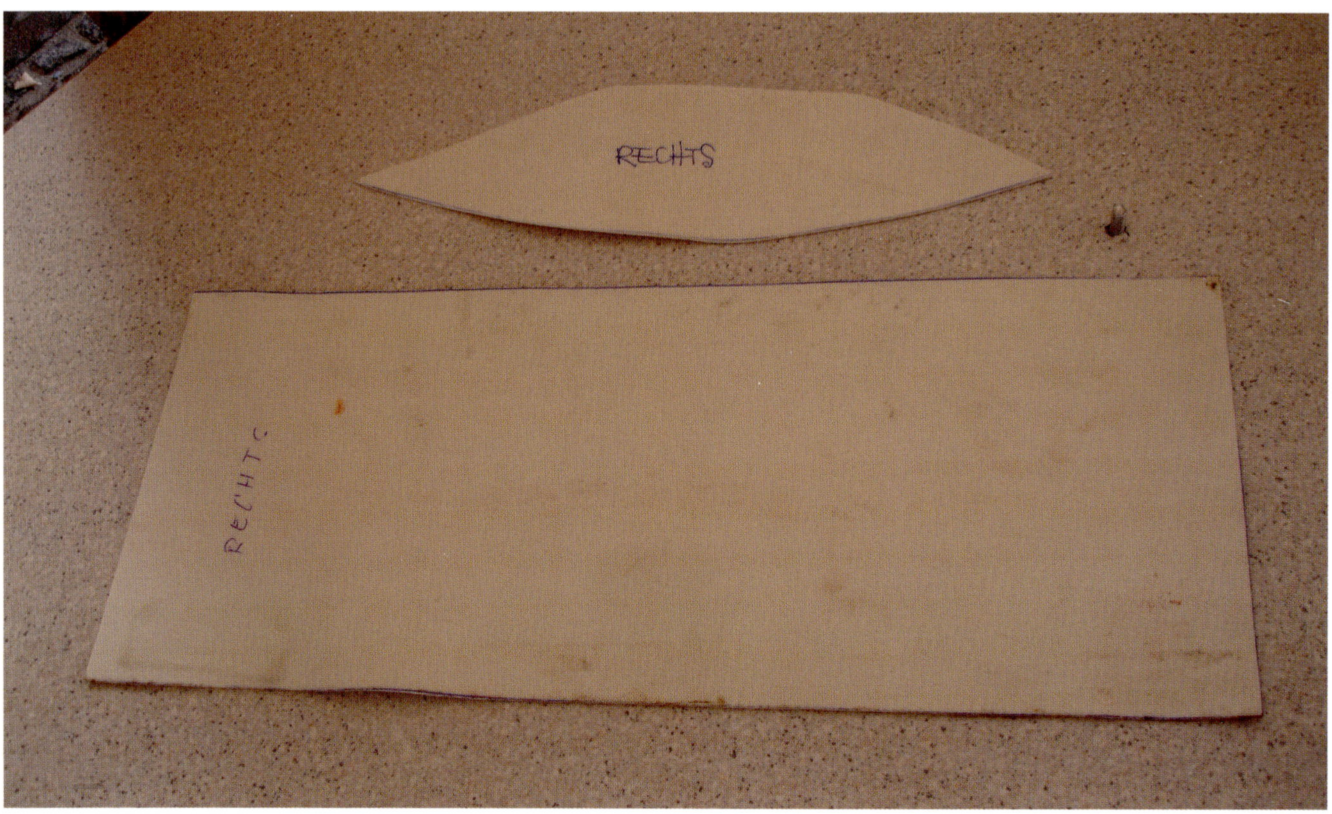

Der Boden liegt.

Da verschiedene Arbeiten parallel erledigt wurden, haben wir zwischendurch das Dach isoliert und gleichzeitig die Leitungen für die Stromversorgung, etwa der Leuchten und der 12-Volt-Steckdosen, verlegt. Wir haben Styropor verwendet, da andere Materialen zu schwer sind und manche überdies Kondenswasser aufnehmen.

Noch im Verlauf der Vorbereitungs- und Isolierarbeiten muss die Verkabelung erledigt werden. Achten Sie auf knickfreien Verlauf, saubere Verbindungen und Ordnung im Kabelbaum.

Die Rücksitzbank

Weitere Arbeiten betrafen die rückwärtige Sitzbank. Sie dient am Ende als Sitzbank und als Liegefläche.
Das ist ohne Umbau natürlich nicht möglich, und außerdem wird ein spezielles Scharnier benötigt.
Da diese Bauart für neue Fahrzeuge nicht mehr zulässig ist, war es wieder eine besondere Herausforderung, einen Hersteller zu finden, der so ein Spezialscharnier noch vertreibt.
Die Liegefläche ist rund 1,85 Meter lang und reicht von der Heckklappe bis zur Vorderkante der Sitzbank. Die Holzplatten für Sitzbank und Lehne sind doppelt ausgeführt aus zwei 16-mm-Platten zugunsten besserer Tragfähigkeit.

Die Klappsitzbank mit aufrecht gestellter ...

... und mit vorgeklappter Lehne

Für die hinten sitzenden Fahrgäste sind zwei Kopfstützen in respektive an der Rückenlehne vorgesehen. Die Technik der Kopfstützen wurde unter den Polstern versteckt eingebaut.

Die Kopfstützen sind probehalber montiert.

Die Beschläge werden mit Einschlagmuttern befestigt.

Für die Halterungen der Kopfstützen müssen Aussparungen in den Schaumstoff geschnitten werden.

Auch die Kopfstützenhalterungen werden probeweise montiert.

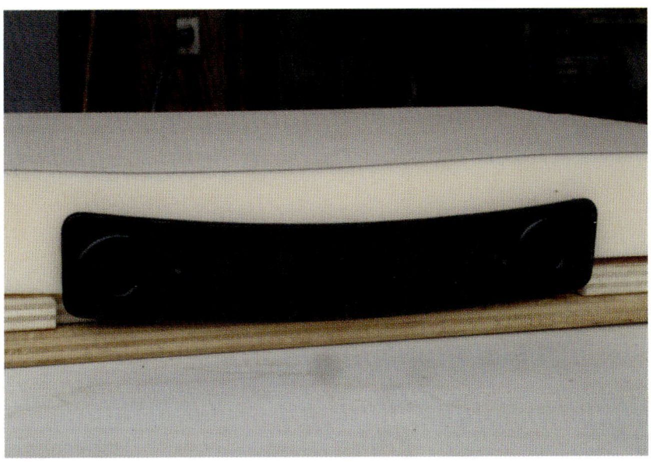

Die Aufnahme erhält eine Abdeckung.

Schränke und Bänke

Unterdessen wurden die zur Wiederverwendung gedachten Schränke, Bänke und Verkleidungen mit dem Schwingschleifer abgeschliffen. Die Kunststoffkeder wurden teilweise entfernt und später durch neue gleicher Bauart ersetzt. Dies war notwendig, da die alten kaputt, verkratzt und stark verschmutzt waren. An den neuen Bauteilen sollen die Kunststoffkeder ja dann auch möglichst gleich aussehen.

Nach dem Abschleifen wurden die Schränke mehrfach mit einer mitteldunklen Holzlasur (Buche) gestrichen. Der Anstrich wurde so oft wiederholt, bis sich eine gleichmäßige Farbe bei allen Schränken eingestellt hatte. Dies bedeutete tagelange Streicharbeiten.

Das Team bei den Schleifarbeiten

Die Schränke erhalten einen Anstrich mit einer Holzlasur für innen

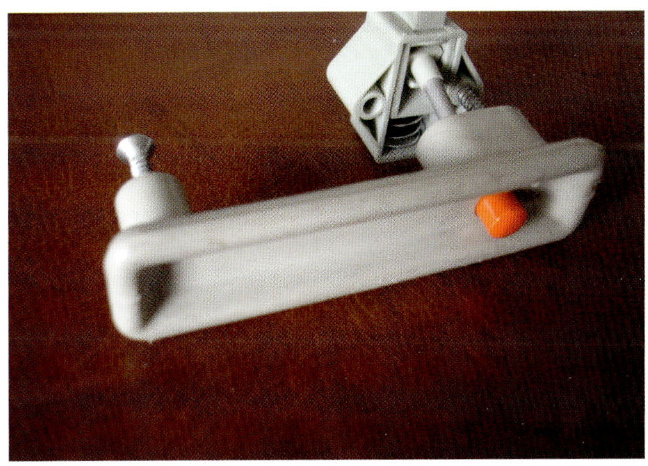

Griff mit Verriegelung

An der hinteren Dachablage wurde eine Klappe mit Griff und Verriegelung montiert, damit ist eine Sicherung gegen das Herausfallen von Sachen beim Bremsen gegeben. In dieser Dachablage sollten sowieso nur leichte Bekleidungsteile verstaut werden.

ARBEITEN AN DER ELEKTRIK

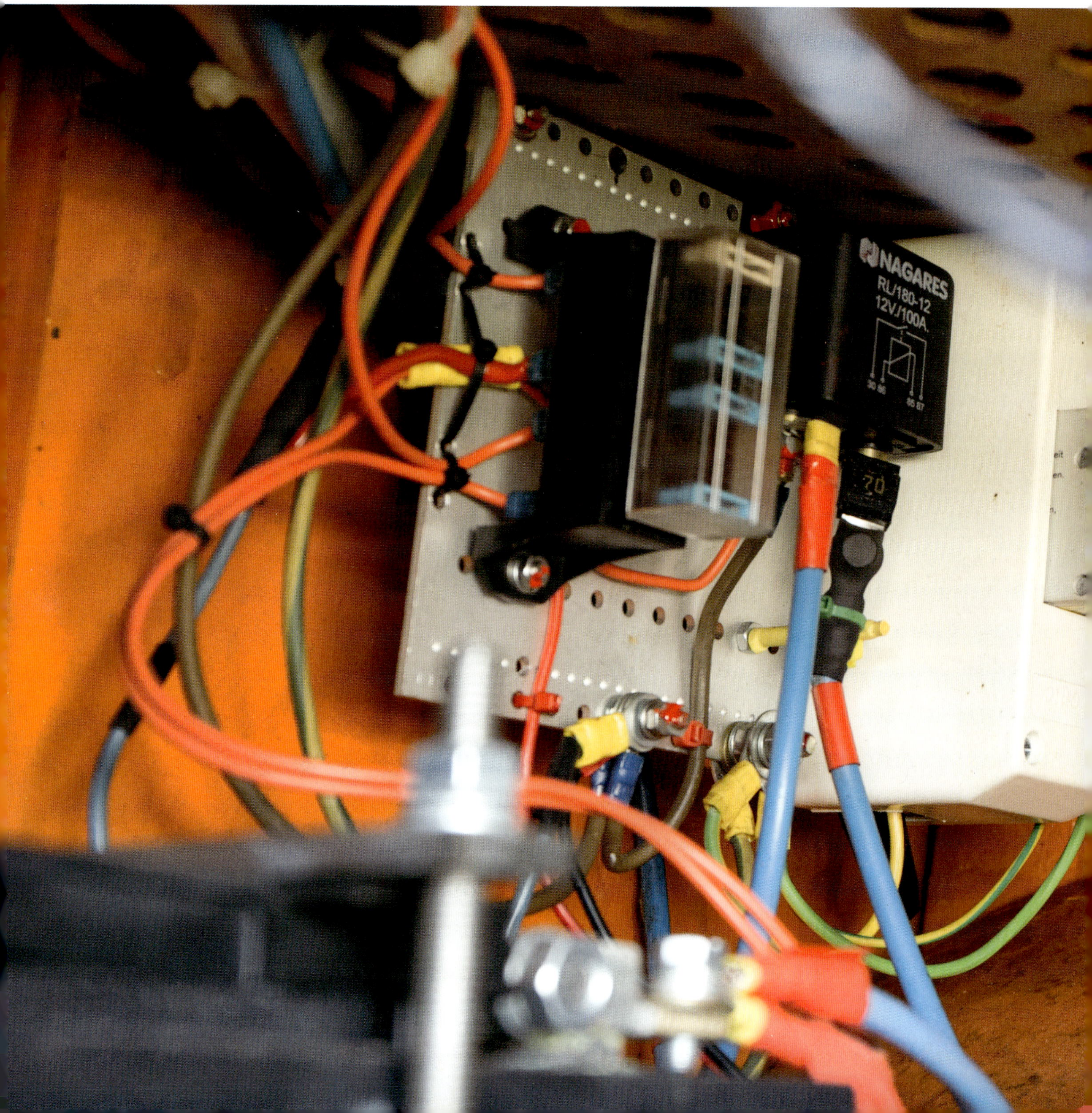

PROTECH
Batterieladegerät
POWER
12V 4.2Amp
automatische Ausschaltung

Die Stromversorgung

Einführend sind bestimmte Betrachtungen der Elektrik im VW-Bus zum besseren Verständnis notwendig. Im VW-Bus befindet sich zunächst die ganz normale Elektroanlage, die zum Fahren und zur Beleuchtung (Scheinwerfer, Rückleuchten, Batterieladung und Zündung) dient. Diese Elektroanlage ist die serienmäßige und wurde in unserem Fall nicht verändert, sondern nur in geringem Maße erweitert.

- Die erste Erweiterung betrifft die Beleuchtungsabgriffe für die Versorgung der Anhängerbeleuchtung. Rückleuchten, Bremsleuchten, Seitenblinker und Nebelschlussleuchte des Anhängers werden über die Steckdose am Zugfahrzeug für den Stecker des Anhängers versorgt.

- Die zweite Erweiterung betrifft die zusätzlichen Anzeigen, die sich im Fahrerraum befinden. Hier werden die Anzeige der Motordrehzahl (Drehzahlmesser) sowie Druck- und Temperaturanzeige für das Öl an der Motorelektrik abgegriffen.

Zusätzlich wurde in unserem Fall allerdings eine weitere Elektroanlage für den Wohnbereich eingebaut. Dazu war eine zweite Batterie, die ausschließlich den Wohnbereich versorgt, notwendig. Aus dieser werden die 12V-Verbraucher, die sich im Wohnbereich befinden, versorgt.
Die Versorgung der zweiten Batterie mit 12V-Ladestrom erfolgt auf zweierlei Art:

- Während der Fahrt, also wenn der Motor läuft, schaltet ein Relais die zweite Batterie zum Laden zur ersten dazu.

- Wenn das Fahrzeug steht und von außen ein 230V-Wechselstromanschluss zur Verfügung steht, wird die zweite Batterie über ein fest im Fahrzeug eingebautes 12V-Ladegerät geladen.

Statt der serienmäßigen Unterbrecher wurde außerdem eine elektronische Zündanlage mit verschleißfreien elektronischen Kontaktgebern eingebaut. Die Ansteuerung der Zündspule ist jetzt elektronisch gesteuert. Die Zündspule selbst wurde der elektronischen Zündanlage angepasst.

Eine Besonderheit des Camping-Busses ist natürlich die externe 230V-Versorgung. Sobald – etwa auf dem Campingplatz – ein 230V-Wechselstromanschluss zu Verfügung steht, lassen sich auch die 230V-Verbraucher im Bus betreiben. Das wäre in unserem Fall etwa ein elektrischer Wasserkocher. Außerdem wird das fest im Fahrzeug eingebaute 12V-Ladegerät für die Zusatzbatterie automatisch mit aufgeschaltet.

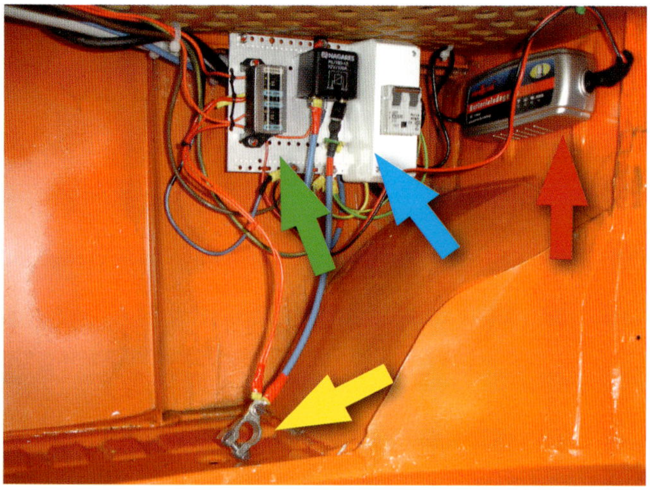

Roter Pfeil = 12V-Ladegerät
Blauer Pfeil = 230V-Fehlerstromschutzschalter und 16A Sicherung
Grüner Pfeil = Umschaltrelais für die Ladung der 2. Batterie
Gelber Pfeil = Plus-Pol Anschlussklemme der Batterie für den Wohnbereich

Steht ein 230-Volt-Wechselstromanschluss zur Verfügung, lässt sich die zweite Batterie extern laden.

Der Anschluss der externen Stromversorgung ist einfach und funktioniert wie in jedem Haushalt.

Elektrik-Werkzeug und Material

Allgemein gilt, dass für Elektroleitungen im Auto ausschließlich hochflexible Aderleitungen oder Kabel verwendet werden dürfen.
Natürlich sollte der Aderquerschnitt der Stromstärke entsprechend ausgewählt werden. Zur besseren Unterscheidung sollten auch verschiedene Farben installiert werden.
Weil sich alle Fahrzeuge während der Fahrt auch in sich bewegen, besser: verwinden, und weil unter anderem Fliehkräfte auf alle Komponenten wirken, dürfen Stromleitungen im Auto nicht starr sein; sie wären auf Dauer der Belastung kaum gewachsen. Die Enden der Einzeladern sind dann ausschließlich mit aufgepressten Aderendhülsen oder Presskabelsteckverbindern ausgeführt.

Um einen gewissen Komfort zu erreichen, ist im VW-Bus eine minimale Stromversorgung mit 230V und 12V vorgesehen. Zur Absicherung der 230V-Spannung wurden ein FI-Schalter mit 30mA Fehlerstrom und ein Sicherungsautomat eingebaut.
Eine zweite 12V-Batterie ausschließlich für Wohnzwecke wurde im Motorraum eingebaut. Die Verbrauchstellen für 230V wurden in die Rückbank als Steckdose(n) mit Klappdeckel montiert. Die Installation ist vom Fahrzeug trennbar, falls die Rückbank mal ausgebaut werden muss. Die Versorgung für 12V ist der mit 230V ähnlich aufgebaut, nur dass hier mehrfach abgesichert wurde. Die 230V-Steckdosenmontage wurde in der Rückbank mittels einer Hohlwanddose für den Möbeleinbau bewerkstelligt.

Elektrowerkzeug und Material

- **_Abisolierzange_**
- **_Seitenschneider_**
- **_Presszange für Kabelschuhe_**
- **_Kabelschuhsortiment_**
- **_Isolierverbinder_**
- **_Hochflexible Elektroleitung als Einzeladerleitung in verschiedenen Farben und Querschnitten_**

Die Elektrik im Motorraum

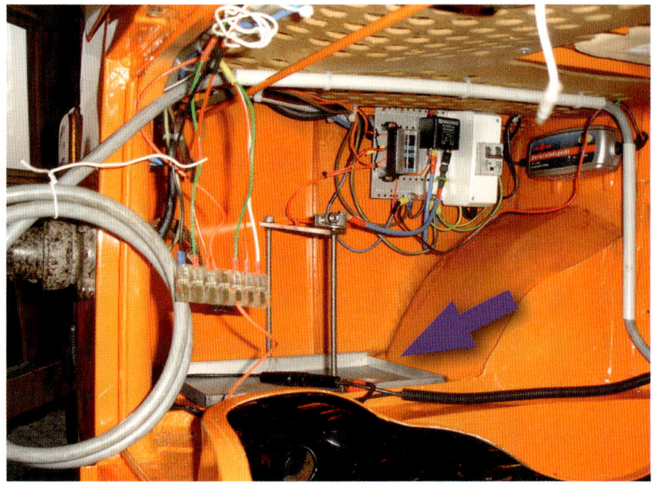

Da das Fahrzeug ja im Sondereinsatz für eine Kleinstadt in der Nähe fuhr, sind damals jede Menge elektrotechnische Einrichtungen wie Martinshorn und Kennleuchte (Blaulicht) verbaut worden. Es waren allerdings nur noch Reste der Verkabelung im Fahrzeug verblieben. Diese mussten überprüft und ausgebaut werden, sofern sie für den Betrieb nicht mehr erforderlich waren. Ein FI-Schutzschalter mit Sicherung (30mA/16A) übernimmt die 230V-Schutzfunktion. Für Anzeige- und Überwachungsfunktionen wurde ein 10-poliges Steuerleitungskabel nach vorn zum Fahrerhaus verlegt.

Wohnbereichsstromversorgung ohne Batteriehalterung

Lila Pfeil *Halterung für Zusatzbatterie*
Grüner Pfeil *Sicherungen*
Roter Pfeil *Umschaltrelais für die zweite Batterie*
Gelber Pfeil *Fi-Schutzschalter mit Sicherungen*
Blauer Pfeil *Ladegerät*
Grauer Pfeil *Anschluss (+) für Zusatzbatterie*

Auf den Bildern sind die Stromversorgung für den Wohnbereich, die Ladestation (Batterieladegerät mit diversen Funktionen), die zweite Batteriehalterung und das 10-polige Steuerkabel gut zu sehen.

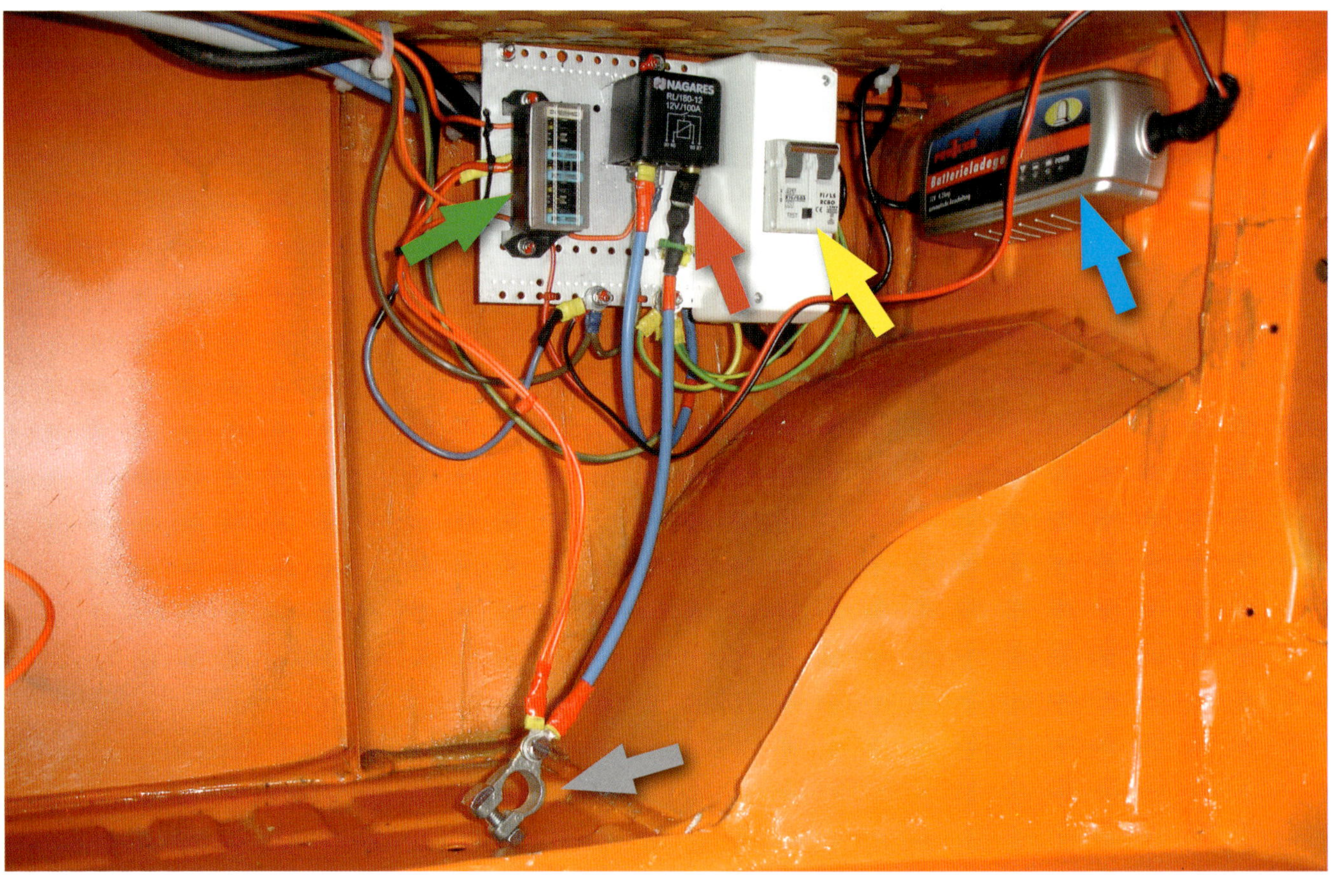

Schaltpläne

Auf dem linken Bild ist die rechte Seite des Motorraumes mit der Fahrbatterie und der Wegfahrsperre zu sehen. Die Wegfahrsperre ist funkgesteuert und mit einem nicht lösbaren Plus-Kabel mit der Fahrbatterie verbunden. (Nicht lösbar wegen der Manipulationssicherheit)
Der sichtbare Pluspol ist im abgeschalteten Zustand ohne Strom. Für eine Erhaltungsspannung für den Radiocode über den Pluspol ist allerdings gesorgt. Die runde Montageklappe für den Raum, in dem die Tankzuführung verlegt ist, ist auf dem Bild noch nicht verschlossen.

Roter Pfeil ***Umschaltrelais für die zweite Batterie***
Gelber Pfeil ***Fi-Schutzschalter mit Sicherungen***

Wohnbereichsstromversorgung automatische Umschaltung und Sicherungen

Brauner Pfeil ***Fahrzeugbatterie (Starterbatterie)***
Weißer Pfeil ***Wegfahrsperre***
Lila Pfeil ***Rücklichtträger***

Die Hauptstromversorgung ist so angelegt, dass der Wohnraum von einer zweiten 12V-Batterie versorgt wird. Bei stehendem Motor wird so die erste Batterie nicht durch Verbraucher im Wohnteil entladen.
Bei laufendem Motor werden beide Batterien von der Lichtmaschine aufgeladen. Ein Relais steuert die Trennung der beiden Batterien. Die erste Batterie hat so stets genug Energie zum Starten des Motors.

Außerdem ist ein Batterieladegerät installiert, über das bei Externversorgung mit 230V die zweite Batterie (Wohnbereich) aufgeladen wird.
Bei 230V-Versorgung über Externversorgung sind die beiden Steckdosen im Wohnbereich über einen FI-Schalter mit 30mA und einen 16-A-Sicherungsautomaten abgesichert. Das Batterieladegerät ist mit abgesichert.

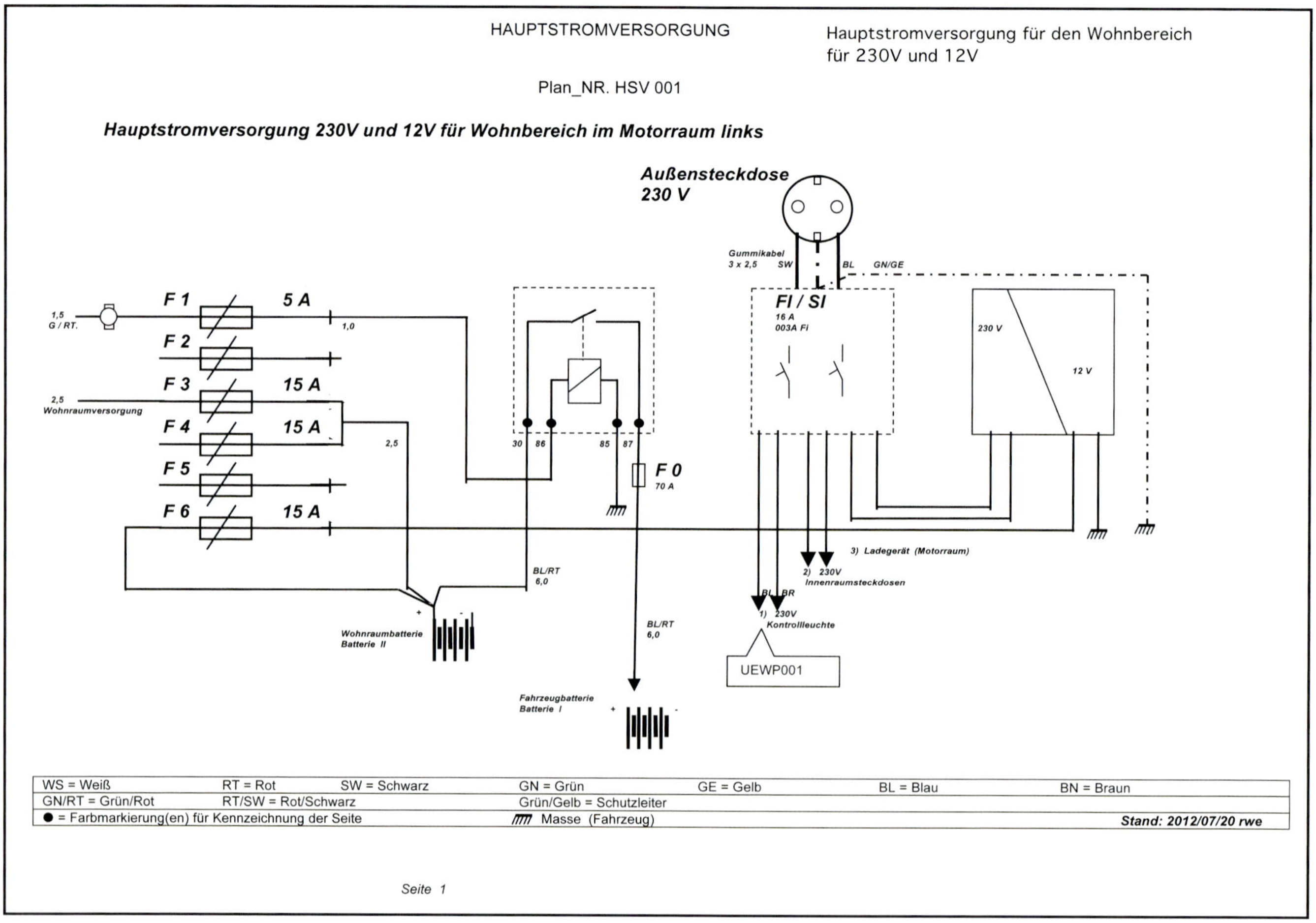

Die Hauptstromversorgung für den Wohnbereich befindet sich im Motorraum auf der linken Seite.

Das 12V-Elektro-Management wurde in einen Seitenschrank mit einem Tableau eingebaut.
Auf beiden Seiten der Rücksitzbank findet sich je eine 230V-Steckdose (plus einer 12V-Dose auf der rechten). Links für den Wohngebrauch und rechts für den Anschluss einer Kühlbox.
Für die Montage der 230V-Schutzkontaktsteckdosen wurde in das Holz der Sitzbank mit einem Kreisbohrer eine runde Aussparung gesägt. Die Kreisbohrung hat den Montagedurchmesser für Hohlwanddosen. Die Hohlwanddose muss absolut genau passen und darf nicht wackeln. Die Montageschrauben für die 230V-Schutzkontaktsteckdose liegen dann genau waagerecht, und so lässt sich die Dose einwandfrei montieren.

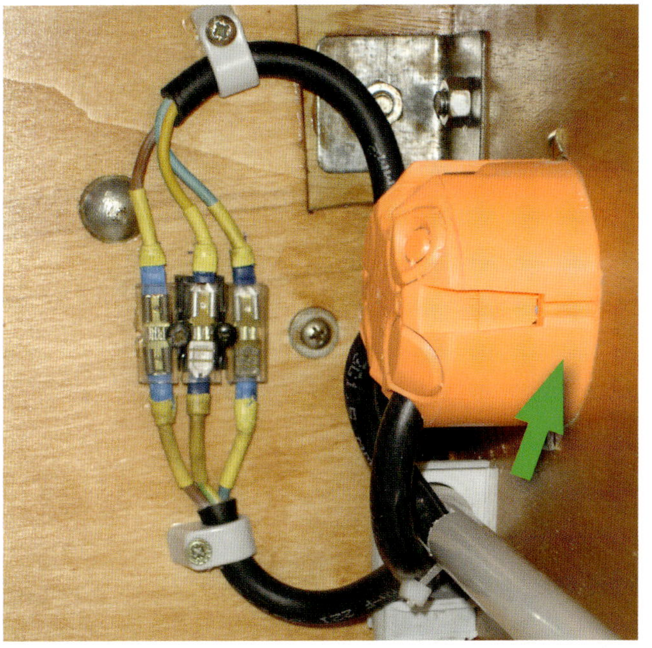

Beispiel der Kabelverlegung (Hohlwandose).
Grüner Pfeil Rückseite (230V-Steckdose)

Steckdosen 12V und 230V in der Rückbank
Roter Pfeil 230V-Steckdose ***Gelber Pfeil 12V-Steckdose***

Mit einer Lochsäge wird die Aufnahme der Steckdose vorbereitet.

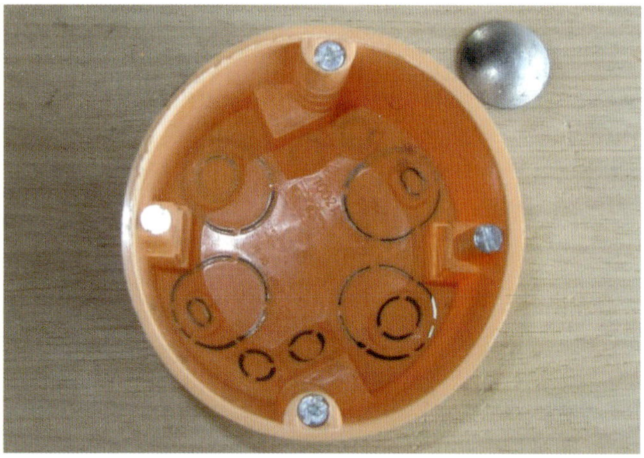

Die Hohlwanddose muss unbedingt ganz gerade angesetzt werden.

Die 230-V-Schutzkontaktsteckdose mit Abdeckung und Hohlwanddose

Elektrotechniktableau im Schrank

Zur Überwachung der Stromversorgungen mit beiden Spannungen (230 und 12V) wurde im Seitenschrank ein Stück abgeteilt, in das die Überwachungstechnik eingebaut wurde.
Hier wird das Vorhandensein der 230V und 12V optisch angezeigt. Für die Verbraucher im Wohnteil sind hier auch die Sicherungen (Flachsicherungen) untergebracht. Der 12V-Teil kann mit einem Hauptschalter abgeschaltet werden.

Roter Pfeil	***12V-Ladeanzeige***
Brauner Pfeil	***12V-Sicherungen***
Grüner Pfeil	***12V-Anzeige***
Blauer Pfeil	***12V-Steckdose***
Weißer Pfeil	***12V-Hauptschalter***
Gelber Pfeil	***230V-Anzeige, wenn von außen eingespeist wird***

Zur Überwachung der 12V-Batterie ist im Tableau auch ein elektronischer Ladezustandsanzeiger eingebaut. Die Technik, die im Tableau eingebaut ist, entspricht ungefähr dem Stand der Technik aus dem Baujahr des VW-Busses. Das Tableau ist aus Aluminium mit gebürsteter Oberfläche. Die Daten zur oben beschriebenen E-Technik sind in den Wirkschaltplänen dargestellt.

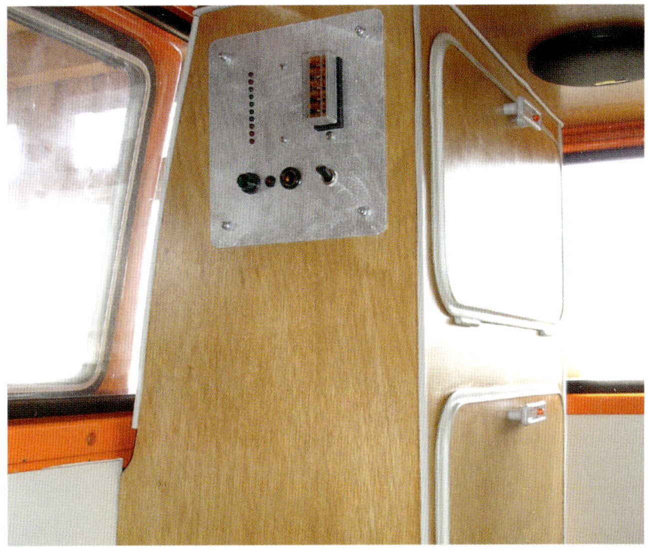

Das Elektrotechniktableu dient der Überwachung und Steuerung der Stromversorgung mit beiden Spannungen und kommt in der Schrankwand unter.

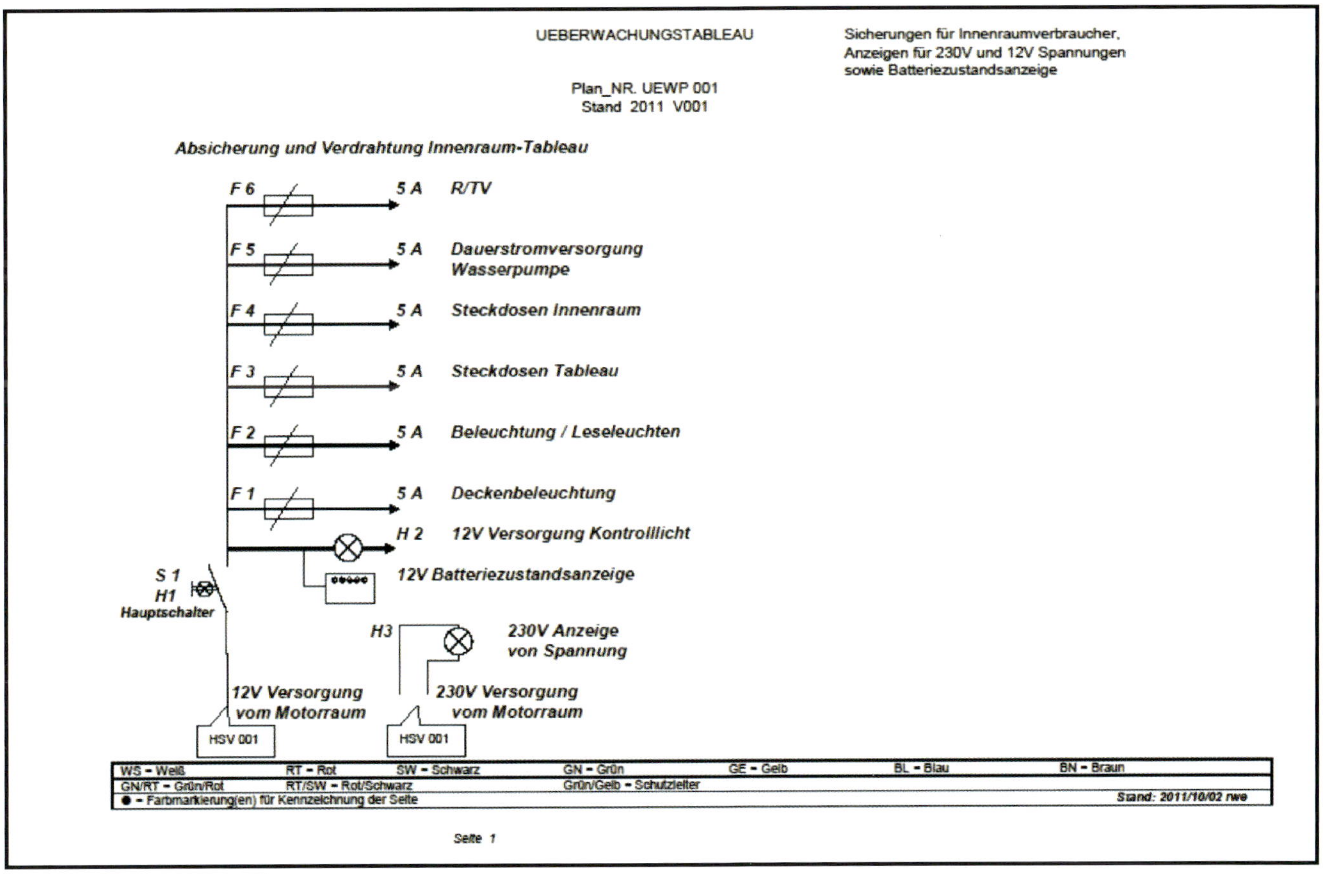

Wirkschaltplan des Überwachungstableaus
Das Überwachungstableau für die Wohnraumstromversorgung findet sich im hinteren Seitenschrank im Wohnbereich.

Zusatzinstrumente

Im Armaturenträger des Fahrerraums sind zur besseren technischen Information Zusatzinstrumente eingebaut worden. Der Drehzahlmesser wurde als separates Aufbaugerät auf dem Armaturenträger montiert. Für Öltemperatur, Öldruck und Zeit sind im vorhandenen Radioeinbauschacht drei Instrumente mit einem Durchmesser von 50 mm mit einer Blende montiert. Die Blende stammt aus einem Golf I und musste zur Befestigung nur angepasst werden. Unter der Kunststoffblende befindet sich eine gleich große Blende aus Edelstahl – es kann auch anderes Material verwendet werden – zur Halterung und Verstärkung. Die Instrumente werden wie üblich über Bügel und Rändelschrauben auf der Rückseite der Blende befestigt. Über 4 Schraubenbolzen und Hutmuttern wird die Blende dann im Radioeinbauschacht gehalten. Die vom Motorraum ankommende Steuerleitung mündet auf einer Steckklemmleiste, die den Instrumenten vorgeschaltet ist. Die Anschlussverdrahtung des Drehzahlmessers und der drei Zusatzinstrumente ist wie nachfolgend im Wirkschaltplan dargestellt ausgeführt.

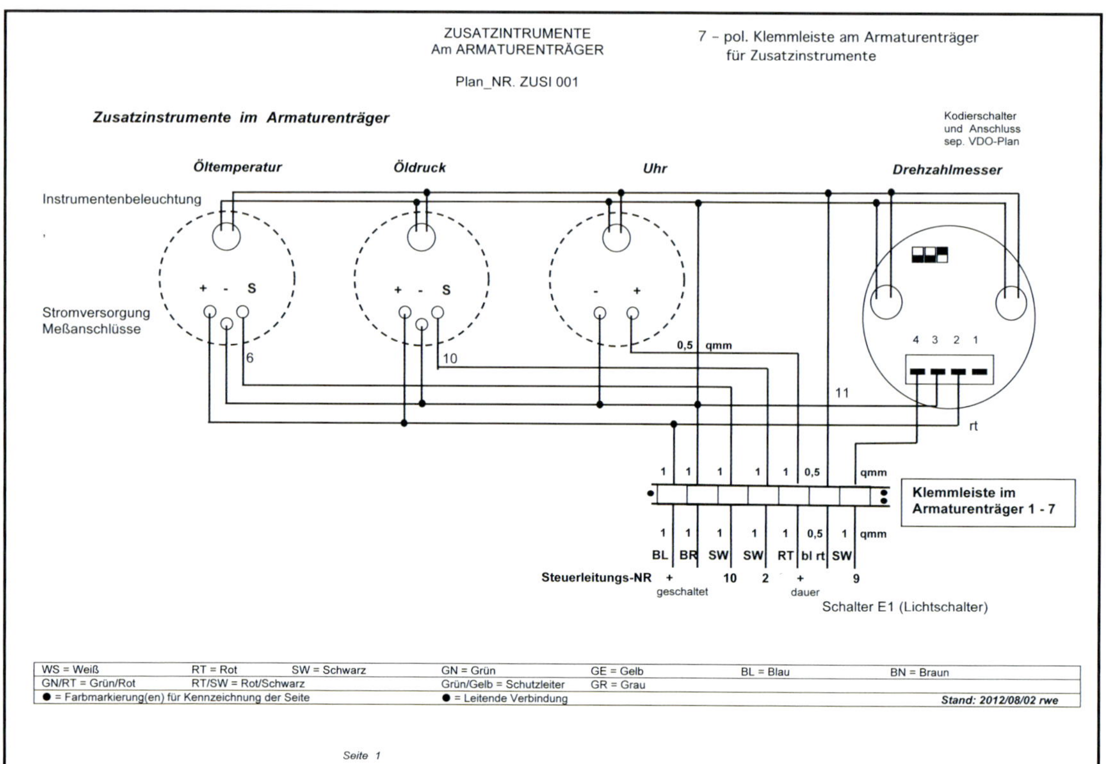

***Oben links:** Der Drehzahlmesser kommt aus dem Zubehörhandel und wird im Blickfeld des Fahrers auf den Armaturenträger geschraubt.*

***Oben rechts:** Das Anzeigentrio Öltemperatur, Öldruck, Uhrzeit findet im Radioschacht Platz.*

***Links:** Wirkschaltplan der Zusatzinstrumente*

Das Radio

Die vom Radio abgehenden Kabel für die Lautsprecher wurden von uns über eine Steckklemmleiste zu den Lautsprechern geschaltet. Damit wird bei einer etwaigen Demontage des Radios großer Kabelsalat vermieden.
In den vorhandenen Radioschacht im Armaturenträger passen die Radios etwas neuerer Bauart nicht hinein. Der Schacht ist von der Aussparung her zu klein. Deswegen werden Zusatzinstrumente dort eingebaut. Das Radio, das ungefähr Baujahr 1985 ist, haben wir unter dem Armaturenträger in einem Kunststoffgehäuse eingebaut, wie es eigens für solche Fälle im Zubehörhandel erhältlich ist.

Das Radio weicht den Zusatzinstrumenten im Einbauschacht und findet unter dem Armaturenträger Platz.

Die Antenne

Das Fahrzeug hatte eine normale Außenantenne links vor der Windschutzscheibe, die wir aber abgeklemmt haben. Diese Außenantennen sind nach vielen Jahren meist etwas undicht, da im Laufe der Zeit der Kunststoff der Fußdichtung altert und Regenwasser eindringen kann. Zweitens verursacht die Antenne beim Bus Windgeräusche. Ich hatte bereits bei meinem alten Alfa gute Erfahrungen mit Scheibenantennen gemacht. Wir haben also auch im Bus eine eingebaut. Die Bosch-Antenne hat einen eingebauten Verstärker und wird an der Windschutzscheibe angeklebt.

Es werde Licht im Motorraum

Es ist nicht ganz oldtimermäßig, aber ohne Licht im Motorraum wollten wir nicht sein. Denn wenn mal bei Dunkelheit etwas geprüft werden muss, ist die Motorraumbeleuchtung ganz hilfreich.

Kontaktschalter an der Heckklappe

Umgewidmet: Ex-Tagfahrlicht beleuchtet den Motorraum.

Also eine nicht benötigte Tagfahrlichteinheit und einen Kontaktschalter installiert, angeschlossen und die Sache mit dem Licht im Motorraum war erledigt.

5

INNENAUSBAU, DIE ZWEITE

Die Polsterarbeiten

Als Erstes stand die Beschaffung der Polster an. Dies war in unserem Fall sehr einfach, denn ein Großhändler in der nächsten größeren Stadt, der auch an Privat verkauft, hat uns gut beraten und preiswertes Material geliefert.
Bei der Wahl der Schaumstoffpolster ist zu beachten: Für Sitze und Liegeflächen bedarf es unterschiedlicher Härtegrade. So sollten die Sitze fester und strammer sein als die Liegeflächen. Welchen Härtegrad man zum Schlafen bevorzugt, hängt stark von den eigenen Vorlieben und vom Körpergewicht ab. Da hilft schlimmstenfalls Ausprobieren, im besten Fall – wir hatten das Glück – kann der Händler eine Empfehlung geben.

Der Aufbau: Auf die Holzplatten von Sitzfläche und Rückenlehne wird der Schaumstoff mittels Sprühklebers geklebt. Dabei ist zu beachten, dass beim Auflegen auf die Holzplatte die Lage des Schaumstoffes sogleich genau stimmen muss, da ein Abheben und Verändern der Lage nicht mehr möglich ist. Es empfiehlt sich, beim Auflegen die Hilfe einer zweiten oder gar weiterer Personen in Anspruch zu nehmen.

Auf den Schaumstoff haben wir eine Vliesschicht geklebt. Vlies gibt es als Meterware. Die Vliesschicht wird auf dem Schaumstoff ebenfalls mit Sprühkleber befestigt. Beim Belasten der Polster entstehende Falten bilden sich besser zurück, wenn eine Vliesschicht zwischen Schaumstoff und Bezugstoff ist.

Jene Polster, die einzeln und lose aufgelegt werden, also die Motorraumauflage und die Ausgleichsauflage, werden auf der Rück- oder Unterseite mit einem kostengünstigen unifarbenen Unterstoff versehen.
Die Schaumstoffpolsterstärken sind auch davon abhängig, welche Höhen zwischen Liegefläche und Bank auszugleichen sind. Wir hatten einen Höhenunterschied von etwa 8 cm zwischen Liegefläche und Bank auszugleichen. Dazu benötigten wir eine Zwischenlage, die die Rückbankhöhe auf das Niveau der Liegefläche angleicht.

Es kommen Schaumstoffmatten unterschiedlicher Stärken und Härten zum Einsatz, die sich ...

... dann recht leicht zuschneiden lassen.

Gelber Pfeil	***Ausgleichsauflage***
Grüner Pfeil	***Rückenlehne***
Blauer Pfeil	***Sitzfläche***
Roter Pfeil	***Motorraumauflage***

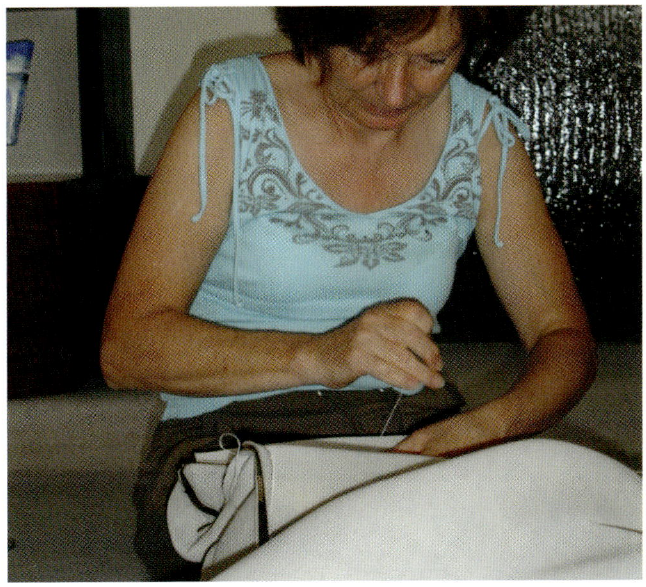

Aufbau: Holzplatte, Schaumstoff, Vliesschicht und Bezugstoff

Zuschnitt und Nähen sind größtenteils Handarbeit

Blauer Pfeil	***Bezugstoff***
Roter Pfeil	***Vliesschicht***
Gelber Pfeil	***Schaumstoff***
Brauner Pfeil	***Holz***

Wir haben einen qualitativ hochwertigen Karostoff, ähnlich dem von Westfalia, als Bezugstoff ausgewählt. Der ließ sich sehr gut verarbeiten, und der Mehrpreis lohnt sich, schließlich soll der Bus ja wirklich als Camper genutzt werden.

Beim Zuschneiden von gemustertem Stoff ist zu beachten, dass Lehnen- und Sitzbankbezug zueinander passen, dass also Streifen oder Karolinien sauber fluchten.

Die Bezüge von Motorraum- und Ausgleichsauflage werden von der linken Seite genäht und vor dem Überziehen auf rechts gedreht.

Bei der Polsterung der Lehnen und Sitzflächen, die auf Holz aufgeklebt sind, werden die Überstände an den Ecken so eingeschlagen, dass sie nicht zu sehr auftragen. Das bedeutet, sie dürfen beim Umlegen der Sitzbank zur Schlaffläche die Bedienung nicht einschränken. Am besten ausprobieren, welche Seite am besten geeignet ist. Diese Ecken müssen von Hand genäht werden, was eine Nähmaschine nicht schaffen würde, da es sich um mehrere Stoffbahnen handelt.

Der Stoff wird mit den Nähten nach innen enig-schlagen und am Möbel befestigt.

Auf der Rückseite wird der Stoff einmal umgelegt und am Holz mit einem Tacker befestigt. Auf die Stoff-Befestigung wird anschießend ein Halteband aufgeklebt und ebenfalls in größeren Abständen angetackert.

Beim Befestigen des Stoffes mit dem Tacker ist zu beachten: Die Abstände der Krampen zueinander sollten möglichst klein sein, damit der Stoff nicht ausreißt. Die Stoffqualität ist so gut, dass er nicht ausfranst.
Die Abdeckung mit einem Stoffband (selbstklebendes Halteband), das zunächst auf die Tackerbefestigung aufgeklebt wird, wird ebenfalls mit Tacker-Krampen in größeren Abständen gesichert.

Als Bezugstoff haben wir einen qualitativ hochwertigen Karostoff, ähnlich dem von Westfalia, gewählt. Der passt durchaus auch zum Behördencharakter des Fahrzeugs. Der Bezugstoff an der Rückbankrückseite und der Rückseite der Rückenlehne wurde mit Polsterklammern und Halteband befestigt. Die Bezüge der Auflagen für die Liegeflächen sind abnehmbar und daher mit Reißverschluss ausgestattet.

Rechte Seite von oben: Das Sitzbankpolster, Ausgleichs- (links) und Motorraumauflage, die Rücklehne der Bank mit den Kopstützenaufnahmen und eine der Kopfstützen.

Gelber Pfeil	***Abdeckband***
Brauner Pfeil	***Holz***
Roter Pfeil	***Krampen (Tacker)***
Blauer Pfeil	***Bezugstoff***

Die Rückbank zum Sitzen und Liegen

Nachdem die Karosserie innen fertig war, wurden zunächst die Einbauten im früheren Büro- und heutigen Wohnraum erledigt. Zuerst kam die Rücksitzbank an ihre Einbauposition. Der Geschirrschrank wurde daneben montiert.
Bevor die Rückbank in die Liegeposition gebracht werden kann, müssen die beiden Kopfstützen aus der Aufnahme herausgezogen werden.
Für die serienmäßige Bestuhlung waren im Bus für drei Mitfahrer Aufnahmen für Sicherheitsgurte in der Karosserie vorhanden. Da ich bei der neuen Sitzordnung aber nur zwei Mitfahrer hinten unterbringen konnte, mussten die Aufnahmen für Sicherheitsgurte abgeändert werden. Die Sitzplätze wurden auch leicht zur Mitte hin verlegt.
Dazu gibt es Anschweißplatten mit der entsprechenden Gewindebohrung für Sicherheitsgurte. Die von mir verwendeten Anschweißplatten sind 5 x 7 cm groß und 3,5 mm stark.

Vielseitiges Möbel: Die große Sitzbank taugt natürlich zunächst zum namensgebenden Zweck (oben), bietet aber auch reichlich Stauraum (unten) und verwandelt sich mit wenigen Handgriffen in ein kommodes Doppelbett (rechte Seite).

Geschirrschrank – der ehemalige Formularschrank

Der Formularschrank mit seinen vielen Fächern für diverse dienstliche Vordrucke wurde von uns kurzerhand zum Geschirrschrank umgebaut. Der Aufsatz vor völlig verdreckt und verklebt (was die da wohl gemacht haben?), den haben wir abgeschnitten.
Als obere Abdeckplatte dient – provisorisch – ein PVC-Boden, der bis zum Einbau einer solideren Platte mit Doppelklebeband befestigt ist.
Somit ergab sich durch die nun geringere Bauhöhe eine bequeme Armauflage oder Abstellfläche für den Küchenbereich. Die Formularfächer wurden ausgebaut, abgeschliffen, mit Holzlasur gestrichen und in passender Höheneinteilung für das Geschirr wieder eingebaut. Auf den Böden ist PCV-Bodenbelag verklebt, damit sie leichter zu reinigen sind. Auf der Rückseite ist eine bewegliche Lese- und Arbeitsleuchte montiert. Bis auf die Töpfe lassen sich alle Geschirrteile und Bestecke unterbringen.

Umnutzung: Wo einst Formulare der mittelfränkischen Stadt Schwabach lauerten, ist heute Platz für Geschirr.

Großer Schrank für diverse Sachen

Der große Schrank ist eine Neukonstruktion. Auch er entsteht aus 16 mm starkem Pappelsperrholz. Im unteren Teil wird der Frischwassertank, der von außen befüllt wird, untergebracht. Er wurde mit einem Mantel aus Styroporplatten als Geräuschisolierung gegens Wasserschwappen eingebaut.

Werkzeug

Da wir die Arbeiten unterm Carport ausgeführt haben, musste erst einmal eine ausreichend stabile Arbeitsplatte her. Wir haben sie aus zwei höhenverstellbaren Böcken und einem Schalbrett erstellt.

Grundlage: Stabile verstellbare Böcke mit einer soliden Arbeitsplatte sind eine vernünftige Basis für alle Arbeiten.

Richtig gute Schnitte gelingen mit Kreissäge, Führungsschiene und Zwingen ...

... ansonsten reicht auch eine gute Stichsäge.

Nicht jeder hat teures Elektrowerkzeug im Haus. Das aber lässt sich auch ausleihen. Werkzeugverleiher gibt es auch in Ihrer Nähe.

Für kleinere Bohrungen und zum Schraubendrehen reicht übrigens eine Akkumaschine aus. Für zuverlässig gesetzte größere Bohrungen sollte es eine solide Ausführung mit 230-Volt-Netzanschluss sein. Bei der Wahl der Bohrer sollte man nicht sparen. Lassen Sie sich im Zweifelsfall beraten. Bleistift, Papier und Kugelschreiber sind selbstverständlich immer dabei, ebenso ein solider Winkel.

links: Sparen Sie nicht am falschen Ende: Gutes Werkzeug sorgt für Sicherheit und Präzision. Die Mindestausstattung besteht aus einem kleinen Hammer, diversen Kreuzschlitz- und Flachschraubendrehern und einem Dorn zum Vorstechen.

Die Verkabelung für die 12-Volt-Stromversorgung ist schon vorhanden. Sie wurde in der Dachisolierung gleich mit eingebaut. Die Absicherung findet sich im Tableau im hinteren Seitenschrank. Auch die Schrankform wird mittels Pappschablonen angepasst. Zunächst wurden aus starker Wellpappe Schablonen nach den im Fahrzeug ermittelten Maßen für die Seitenteile grob hergestellt. Die Schablone lässt sich leicht anpassen, in dem Stücke angeklebt oder überschüssiges Material weggeschnitten wird. Schnell bekommt man überdies einen Eindruck davon, wie das Möbel im Fahrzeug aussehen wird und wie es sich überhaupt aufbauen lässt. Die Handhabung derart großer Objekten ist nicht immer ganz leicht.

Nach der Grobplanung auf Papier wurden zunächst die Seitenteile festgelegt. Dies ist aufwändig, da das Fahrzeug einige Schrägen aufweist.

Auf dem Zuschneidetisch liegen die Wellpappen und das Werkzeug bereit.

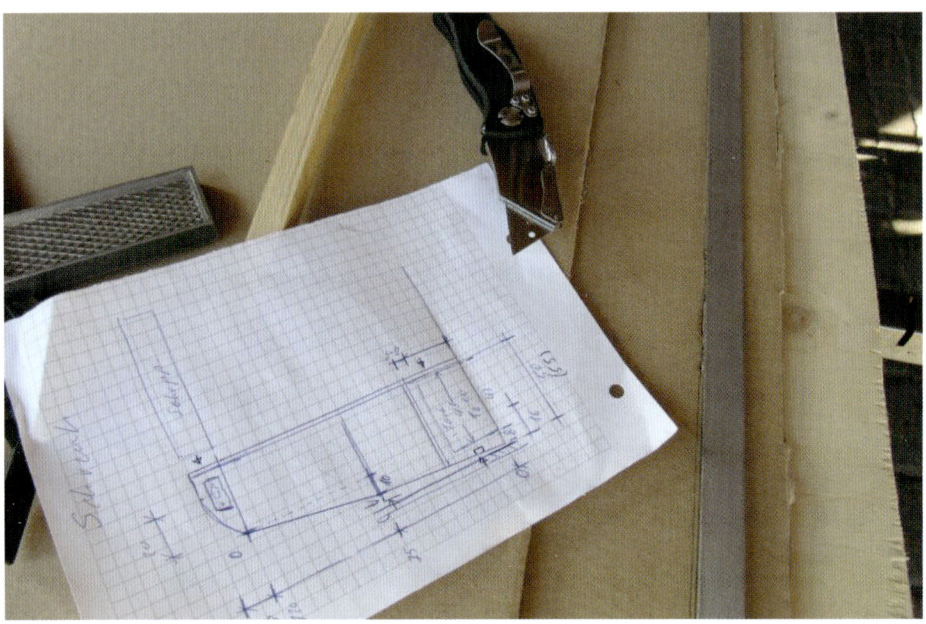

Nachdem die Maße am Fahrzeug und an den alten Vorlagen abgenommen wurden, geht es mit den Maßzeichnungen ans Werk.

Schablonenzuschnitt

Zuerst wurden die Schablonen nach den im Fahrzeug ermittelten Maßen für die Seitenteile grob hergestellt. Mit einem scharfen Messer und einer Metallschiene lassen sich die Schablonen leicht herstellen. Der Einschnitt in der Schablone für die linke Seitenwand ist für die Halteplatte gedacht, die den Tischfuß trägt.

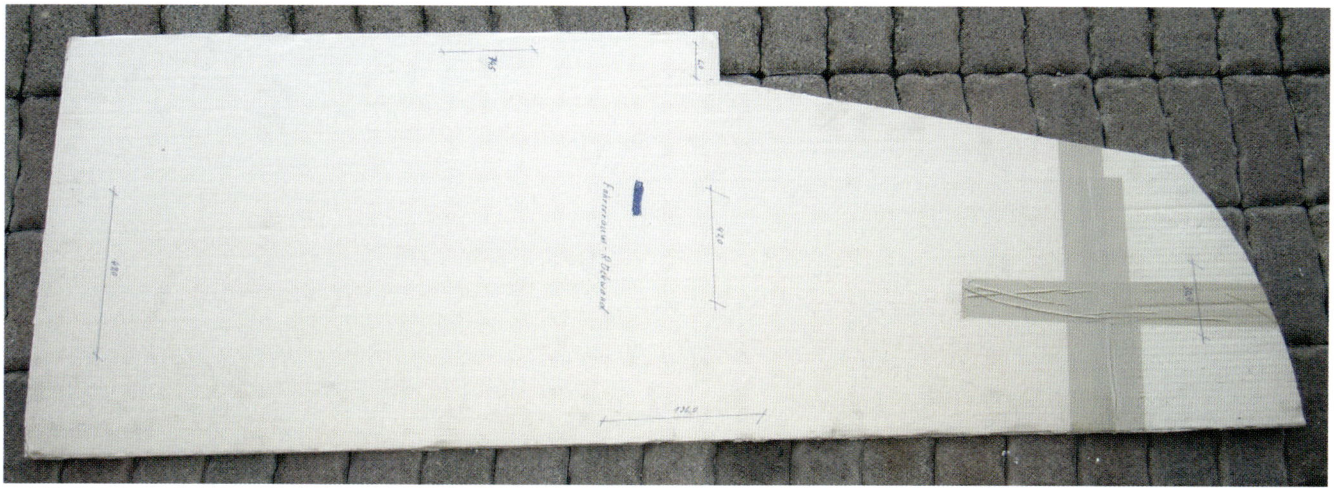

Zuschnitt für die Seitenwand rechts (Fahrerraum)
Breite oben: 41,0 cm unten: 49,5 cm Versatz: 6,0 cm Höhe : 136,0 cm

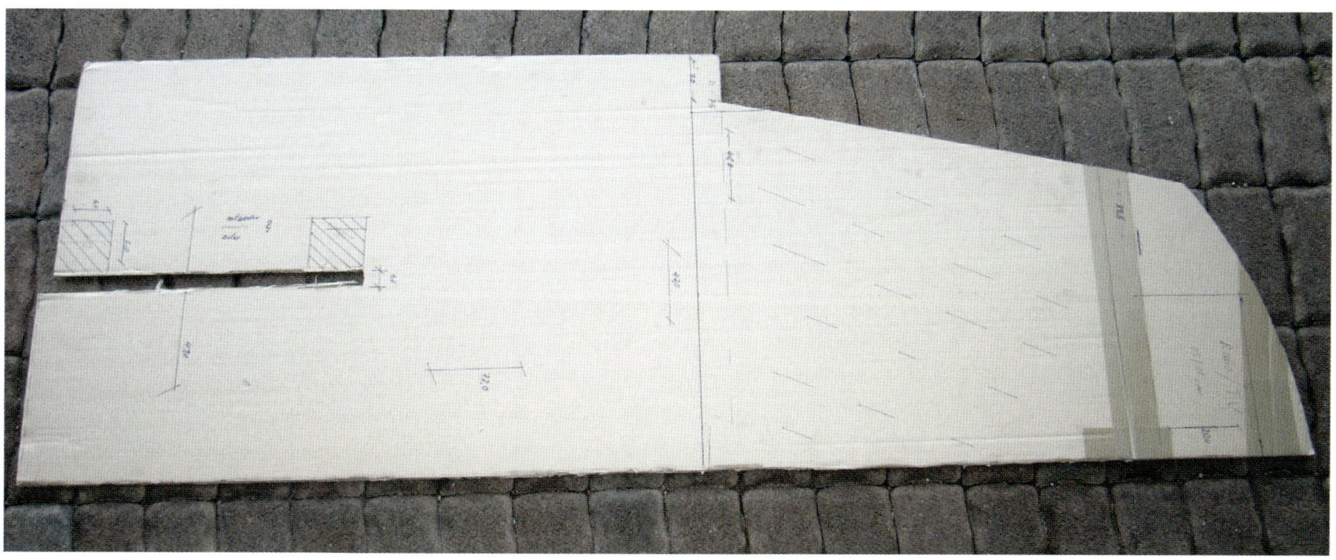

Zuschnitt für die Seitenwand links (Wohnteil)
Breite oben: 41,0 cm unten: 49,5 cm Versatz: 6,0 cm Höhe: 136,0 cm

Der Rand oben ist gerundet, die Kontur muss im Bus direkt von den Wänden abgenommen werden. Auf der linken Seitenwand sind schraffierte Bereiche angezeichnet. Dort werden Ausschnitte gemacht, um die Stromleitung mit Stecker durchführen zu können. Der oben schraffierte Bereich ist ein Ausschnitt für den Platzbedarf für die Ruhestellung des Tisches für die Nacht.

Jetzt können Schablonen für Zwischenböden und Versteifungen geschnitten werden.

Unterer Boden
Breite: 54,0 cm Tiefe: 52,0 cm

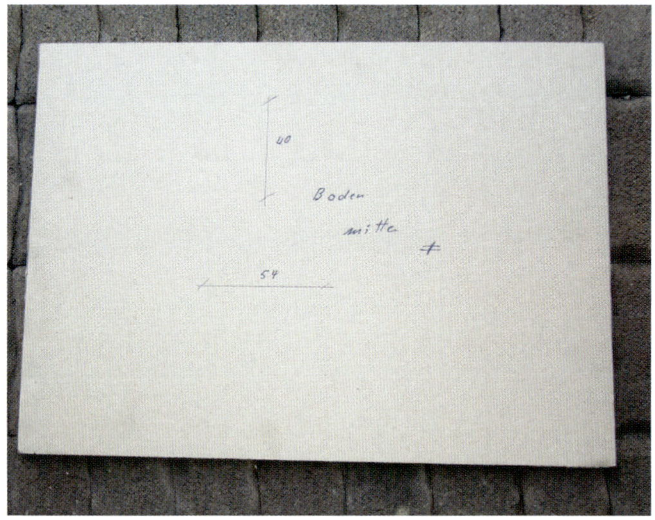

Mittlerer Boden
Breite: 54,0 cm Tiefe: 40,0 cm

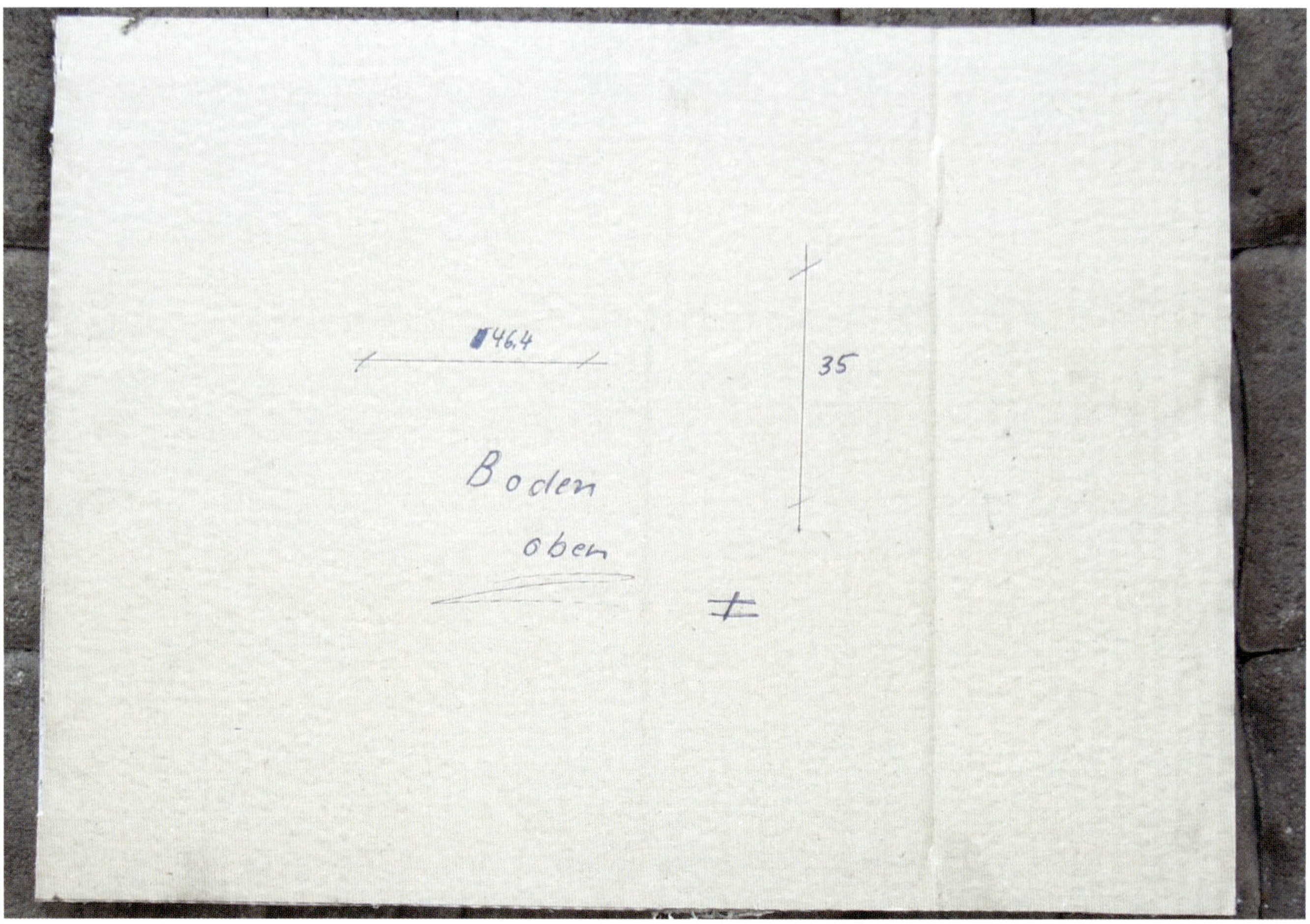

Oberer Boden
Breite: 46,4 cm Tiefe: 35,0 cm

An der Unterseite des oberen Bodens werden Befestigungen (Kleiderhaken) für Jacken und Ähnliches vorgesehen.

Versteifungen
Breite: 52,0 cm Höhe: 6,0 cm

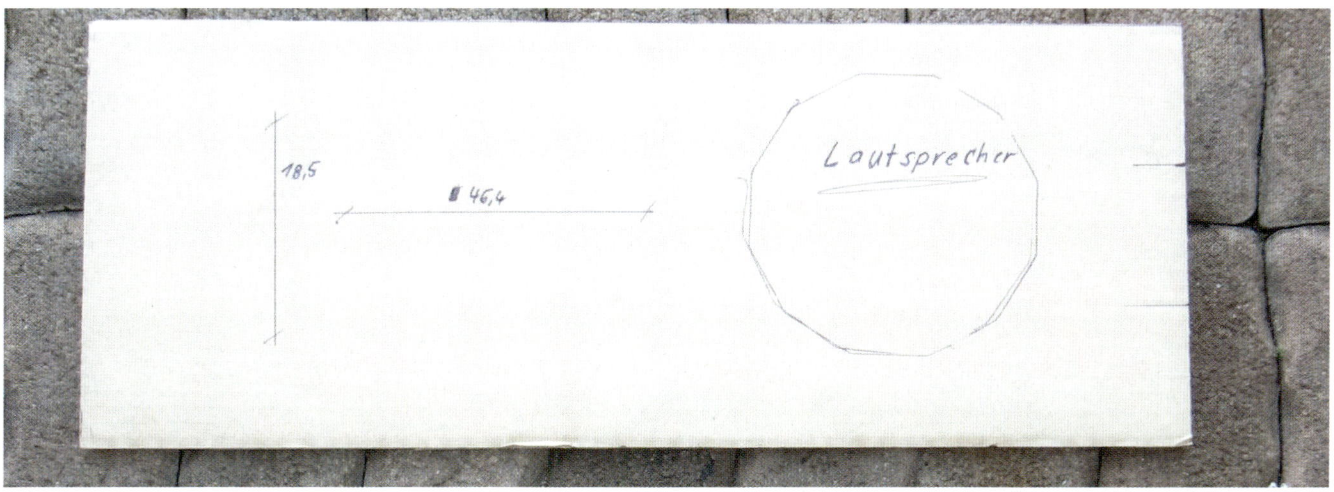

Unteres Frontteil mit Ausschnitten für Leitungen
Breite: 52,0 cm Höhe: 33,0 cm

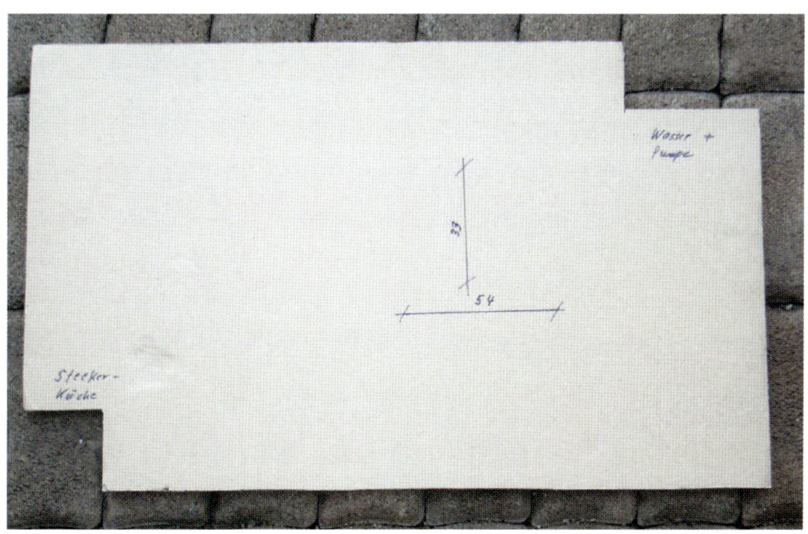

Oberes Frontteil zur Aufnahme des R/TV-Teils und der Lautsprecher
Breite: 45,0 cm Höhe: 18,5 cm

Das Frontteil erhält zwei Ausschnitte für die Wasserleitung sowie für Stecker und Kabel für die Kombüse (Küchenteil).

Das Holz

Die auf den Schablonen angegebenen Maße sind ausschließlich für dieses Fahrzeug erfasst und lassen sich nicht unbedingt eins zu eins für jeden VW-Bus übernehmen. Je nach vorhandener Einrichtung im Fahrzeug und individuellen Wünschen müssen die Maße am Fahrzeug immer direkt ermittelt werden. Unsere Angaben dienen als Anhaltswerte.

Alles ist in 16 mm starkem Pappelsperrholz ausgeführt, nur der Boden des obersten Faches (Radio und Steckdosen) besteht aus 10-mm-Pappelsperrholz. Für die Rückwand haben wir 5 mm starkes weiß beschichtetes Pappelsperrholz verwendet.

Für den Bau des großen Schranks kamen zum Einsatz: Pappelsperrholz in verschiedenen Stärken (16, 10 und 5 mm), Kiefernleisten 10x10 mm als Befestigung und Tragleisten sowie Hammerschlag-Schutzblechstreifen.

Die Befestigungen der Schrankteile untereinander sollten von außen unsichtbar bleiben. Also bieten sich Metallwinkel, das Verzapfen oder das Verzinken an. Wir haben meist ganz einfach Kiefernleisten und Holzschrauben verwendet.

Ausschnitte im Holz

Fürs Ansetzen der Stichsäge beim Öffnen der Ausschnitte müssen erst Bohrungen gesetzt werden. Da das Pappelsperrholz sehr empfindlich ist, ist Vorsicht geboten, um Verletzungen der Oberfläche zu vermeiden. Man bohre zuerst ein kleines Loch von etwa 3 mm durch die Holzplatte. Anschließend wird 6 oder 8 mm von jeder Seite vorgebohrt. Das Durchbohren geschieht dann von der Seite aus, die am Ende sichtbar bleibt. Am besten übt man erst einmal an unauffälliger Stelle.

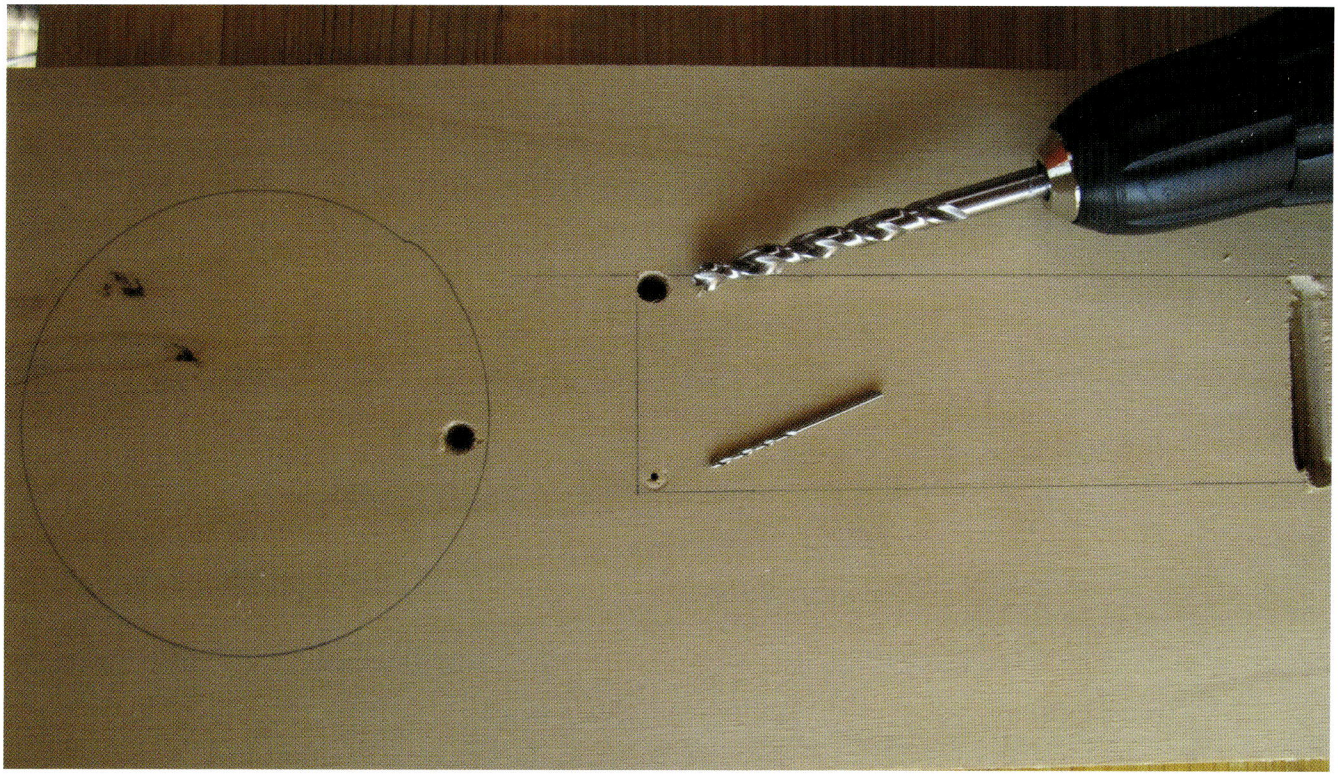

Bevor die Stichsäge zum Einsatz kommt, werden Löcher als Ansatzpunkte fürs Sägeblatt gebohrt.

Bohren Sie die Löcher im Sperrholz erst mit kleineren Bohrergrößen vor, sonst drohen Absplitterungen.

Der Ausschnitt für das Elektropanel wird zwischen zwei Bohrungen begonnen.

Die Anlegeleiste dient zur Führung der Stichsäge. Grundsätzlich gilt: Nie ohne Hilfsmittel wie Zwingen und Schiene arbeiten und stets mit der richtigen Materialstärke unterfüttern.

Ausgesägt: An diese Stellen kommen später das Elektropanel und ein Lautsprecher.

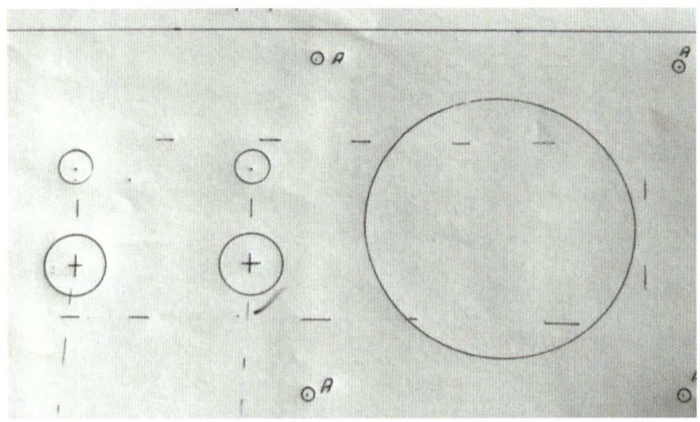

Die Schablone für das Elektropanel

Mit der Handkreissäge und der Anlegeschiene lassen sich jederzeit gerade Schnitte herstellen. Am besten gelingt das mit einer geraden und stabilen Leiste als Führungsschiene, die parallel zur Schnittkante mit Zwingen befestigt wird. Grundsätzlich ist der Ansatzpunkt der Zwingen immer mit der zu sägenden Materialstärke zu unterlegen.

Bei mechanisch besonders hoch belasteten Verbindungen sollten Metallwinkel möglichst unsichtbar angeschraubt werden.

Komplett: Die Teile des großen Schrankes sind ausgesägt und werden noch einmal mit Hilfe der Schablonen kontrolliert. Zwischendurch müssen sie immer wieder durch Anlegen an die Karosserie angepasst werden.

Probemontage

In die Winkel geschraubte Kiefernholzleisten sorgen in der Regel für ausreichend Stabilität. Achten Sie auf die Schraubenlänge, damit die Spitzen nicht aus dem fertigen Möbel ragen. Grundsätzlich sollten alle Schraublöcher vorgebohrt werden, damit sich das Holz beim Eindrehen der Schraube nicht spaltet. In dem Holzteil, in dem die Schraube halten soll, wird nicht vorgebohrt.
Zuerst werden die Kiefernleisten auf die erforderliche Länge zugeschnitten und die Sägekanten saubergeschliffen. Bei der Länge sollten auch Einbauten wie Kabelkanäle berücksichtigt werden.

Vor dem Bohren der Befestigungslöcher werden die Positionen mit weichem Bleistift angezeichnet.

Die Leisten werden am besten im Bündel auf Länge gesägt.

Ein leichter trockener Schlag auf den Dorn schafft den Ansatzpunkt für den Bohrer.

Die Enden der Leisten werden glattgeschliffen. Die linke ist schon bearbeitet.

Als Nächstes werden auf den abgelängten Leisten die Bohrlöcher festgelegt. Die sollten nicht zu nah stehen, es besteht immer Gefahr, dass sich die Leisten beim Eindrehen der Schrauben spalten.

Für die Befestigung der Leisten an der Schrankwand haben wir je drei Schrauben vorgesehen. Die Schrankböden sind mit je zwei Schrauben pro Schmalseite darauf befestigt. Schlagen Sie die Bohrlöcher leicht mit Hammer und Dorn vor, damit beim Ansetzen der Bohrer nicht verrutscht.

Achtung: Die Bohrerstärke so wählen, dass die Schraube fasst. Am besten nehmen Sie Senkkopfschrauben, damit im Schrank ebene Oberflächen bleiben. Dazu müssen die Bohrlöcher für den Schraubenkopf leicht mit einem Senker, als Bohr- oder als Handwerkzeug, vorbereitet werden.

Zunächst werden die Leisten mit einem Bohrer kleinerer Stärke schonend vorgebohrt.

Anschließend werden die Löcher mit dem Senker bearbeitet, der Platz für den Schraubenkopf schafft. Links einer für die Bohrmaschine, rechts einer für Handbetrieb.

Die Zahl der Verbindungsschrauben sollte so gewählt werden, dass ausreichende Festigkeit gewährleistet ist. Lieber eine oder zwei Schrauben mehr als eine zu wenig, um zu vermeiden, dass das Bauteil knarzt oder gar zusammenbricht.

Verbindungen und Oberflächen

An besonders belasteten Verbindungsstellen und dort, wo sich der Schrank am ehesten bewegen wird, lässt sich zur Vermeidung von Knarzgeräuschen ein sehr dünner Filzstreifen zwischen die Hölzer legen.

Achten Sie bereits jetzt darauf, dass alle Oberflächen möglichst glatt sind, vor allem, wenn Sie wie wir das Holz mit einer Lasur oder einem Decklack streichen wollen. Beim Auftragen der Farbe auf sehr trockenes Holz richten sich übrigens gelegentlich Holzfasern auf. Das bedeutet: noch einmal schleifen, bis alles glatt ist.

Wir bringen die Schrankböden auf Höhe

Legen Sie fest, auf welcher Höhe Sie Böden in den Schrank einlegen wollen, und dann geht es ans waagerechte Ausrichten der Leisten mit Hilfe eines Winkels. Wenn die erste Leiste angeschraubt ist, wird auf dem gleichsam gespiegelt danebenliegenden Seitenteil das Pendant platziert. Die Position lässt sich mit einer geraden langen Leiste leicht übertragen.

Die vorgebohrten Leisten werden im 90-Grad-Winkel zur Seitenwand verschraubt.

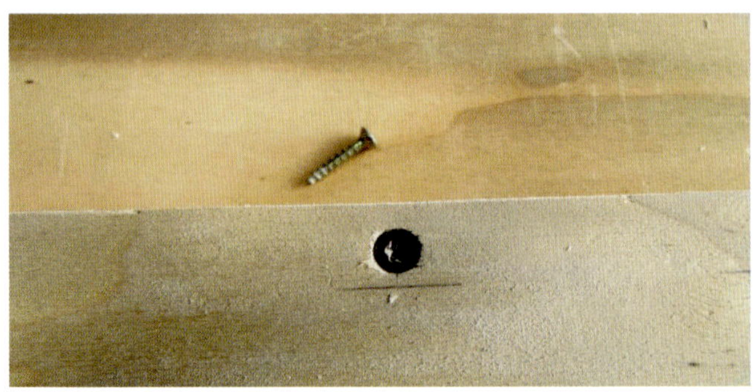

Senkkopfschraben halten die Teile zusammen.

Für den nächsthöheren Boden kann entweder genauso verfahren werden, oder man nimmt eine weitere Leiste in der Länge der Fachhöhe als Abstandsmaß und bestimmt damit die Position der nächsthöheren Leiste. Es muss absolut genau

Auf dass die Leisten auf beiden Seiten auf gleicher Höhe sitzen, legt man die Wände beim Verschrauben ganz einfach nebeneinander.

Kleine Klötzchen, die zur Unterstützung der Seitenwände und der vorderen Abdeckungen angeschraubt werden, schaffen Stabilität. Sie werden genauso angebracht wie die Leisten.

gearbeitet werden, da sonst die Böden nicht genau aufliegen und am Ende womöglich der ganze Schrank schief wird.
Nun werden die Befestigungslöcher der Böden auf bewährte schonende Weise gebohrt.

Zuerst erfolgt der Zusammenbau auf dem Werktisch auf der linken Seitenwand.

Die Vorderseite. Die Ausschnitte sind gesägt.

Die Rückseite des Schrankes, hier noch ohne Wandverkleidung

Unter dem unteren Fachboden ist der Frischwassertank untergebracht. Um nicht im Servicefall den Schrank ausbauen zu müssen, wird ein Ausschnitt im unteren Fachboden benötigt. Dazu muss er noch einmal heraus.

Mit der Stichsäge wird der Ausschnitt gesägt.

Die Auflageleisten für den Servicedeckel werden montiert.

Der Servicedeckel und die Aussparung

Wieder eine simple, aber effektive Lösung: Eine einfache Schraube dient als Griff.

Der Servicedeckel ist nicht so dick wie der Fachboden. Schmale Leisten dienen als Auflage. Sie werden mit Klebstoff und kleinen Stahlstiften befestigt. In der Mitte des Deckels dient eine längere Schraube, die lose oben und unten mit Scheiben am Hindurchfallen gehindert wird und somit herausziehbar ist, als Griff.

Die Stirnkanten der Fachböden schützen Umleimer, die es in allen Stärken und Breiten im Baumarkt gibt. Für die Feder des Umleimers muss eine Nut in die Stirnkante gefräst werden. Dazu muss der Fachboden absolut fest eingespannt sein. Fräsarbeiten sind gefährlich, tragen Sie Schutzbrille und -handschuhe!

Sitzprobe: Der Deckel passt.

Es geht weiter: Für die Umleimer muss eine Nut gefräst werden.

Die Umleimer werden angepasst. Sie dienen dem Kantenschutz.

Schleifen und lasieren

Nächster Schritt ist die Oberflächenbehandlung. Wir haben alle Holzteile mit Schleifpapier mittlerer Körnung bearbeitet, dann mit 120er und im letzten Durchgang wurde mit 240er Körnung.

Wir haben hier einen Rundschleifer verwendet. Band- oder Schwingschleifer tun es auch. Beim Aufsetzen des Schleifgerätes ist darauf zu achten, dass der rotierende Teller nicht schräg aufgesetzt wird, sonst ist gleich die nächste Delle im Holz.

Geschliffen wird zunächst mit groberer, dann mit feinerer Körnung.

Nachdem der Schrank mit einer kleinen Schaumstoffrolle lasiert wurde, haben wir ihn provisorisch im VW-Bus eingestellt.

Der Schrank wird zur Probe an Ort und Stelle gebracht. Oben das Stromversorgungspaneel mit der Steckdose, unterm Zwischenboden zwei weitere Steckdosen 230 V, unten das Zuleitungskabel

Übergangslösung

Wo zwei Schränke eng nebeneinanderstehen, sorgen Keder aus farbigem Kunststoff für saubere Übergänge.

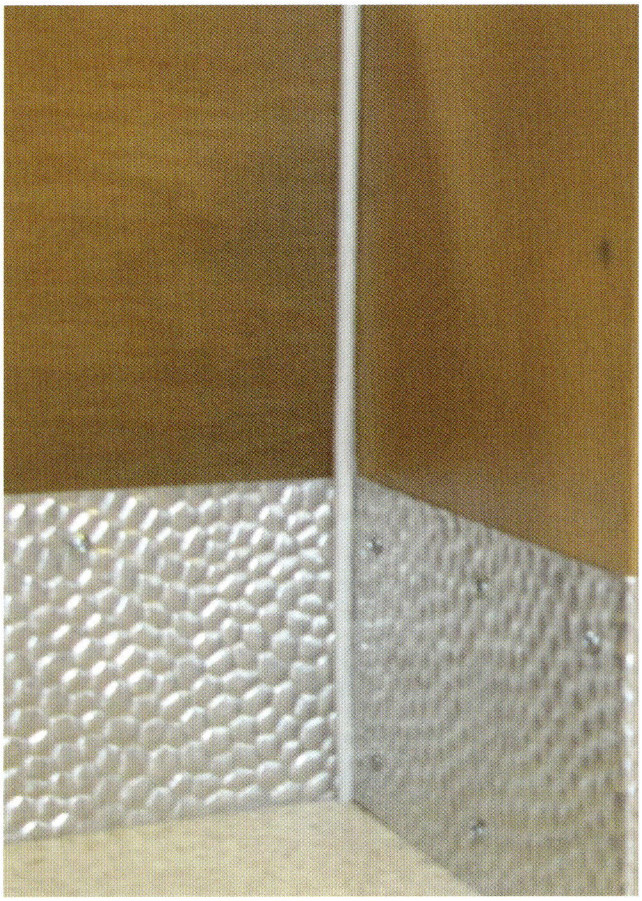

Saubere Eckenverfugung mit PVC-Kederband sieht gediegen aus und hält dicht.

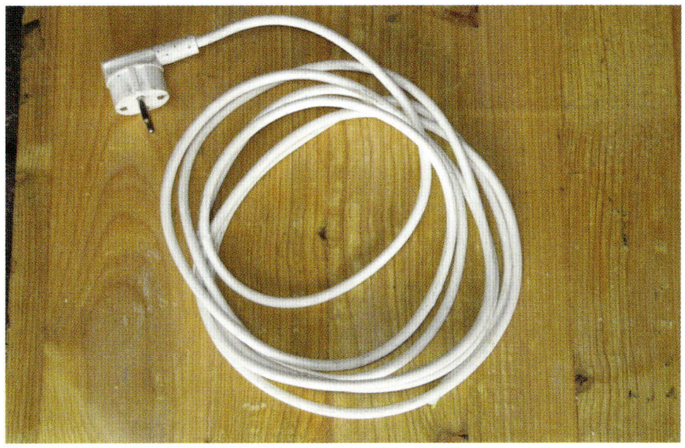

Das fertig konfektionierte Anschlusskabel für den Schrank

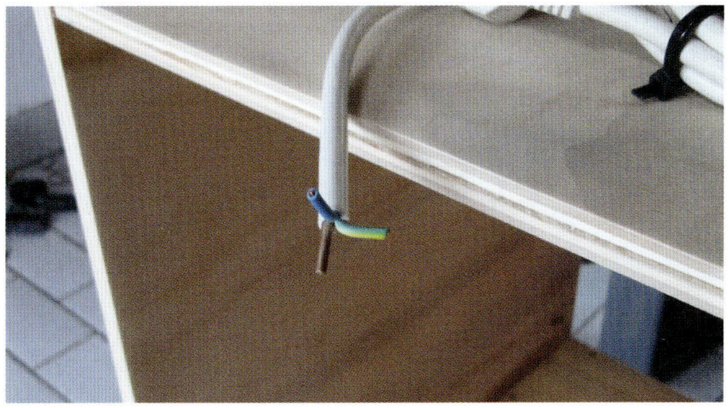

Farbenlehre: Braun ist die Phase, blau der Nullleiter und grüngelb der Schutzleiter

Für Sicherheit sorgen die 1,5-mm-Adernhülsen, die mit der Zange auf die Adern gepresst werden.

Wir haben in unserem Fall grauen Kunststoffkeder verwendet, da solche Kunststoffkeder schon im Fahrzeug vorhanden waren. Außerdem erhielt auch der Schrank einen Trittschutz aus Riffelblech.

Elektrisches

Es werden nur die Übergänge verdrahtet, die vom Haupttableau und dem Radio verschaltet sind. Es handelt sich um die Lautsprecher, die sich im Wohnteil befinden und die Steckdosen für 12V und 230V Ws.
Zwei weitere 230V-Steckdosen Ws finden sich im unteren Fach zum Anschluss der Kühlbox. Der Gesamtanschluss des Schranks wird wie bei der Küche mit einem flexiblen Kabel mit fertig konfektioniertem Stecker, der auf Klemme 5 aufgelegt wird, ausgeführt.

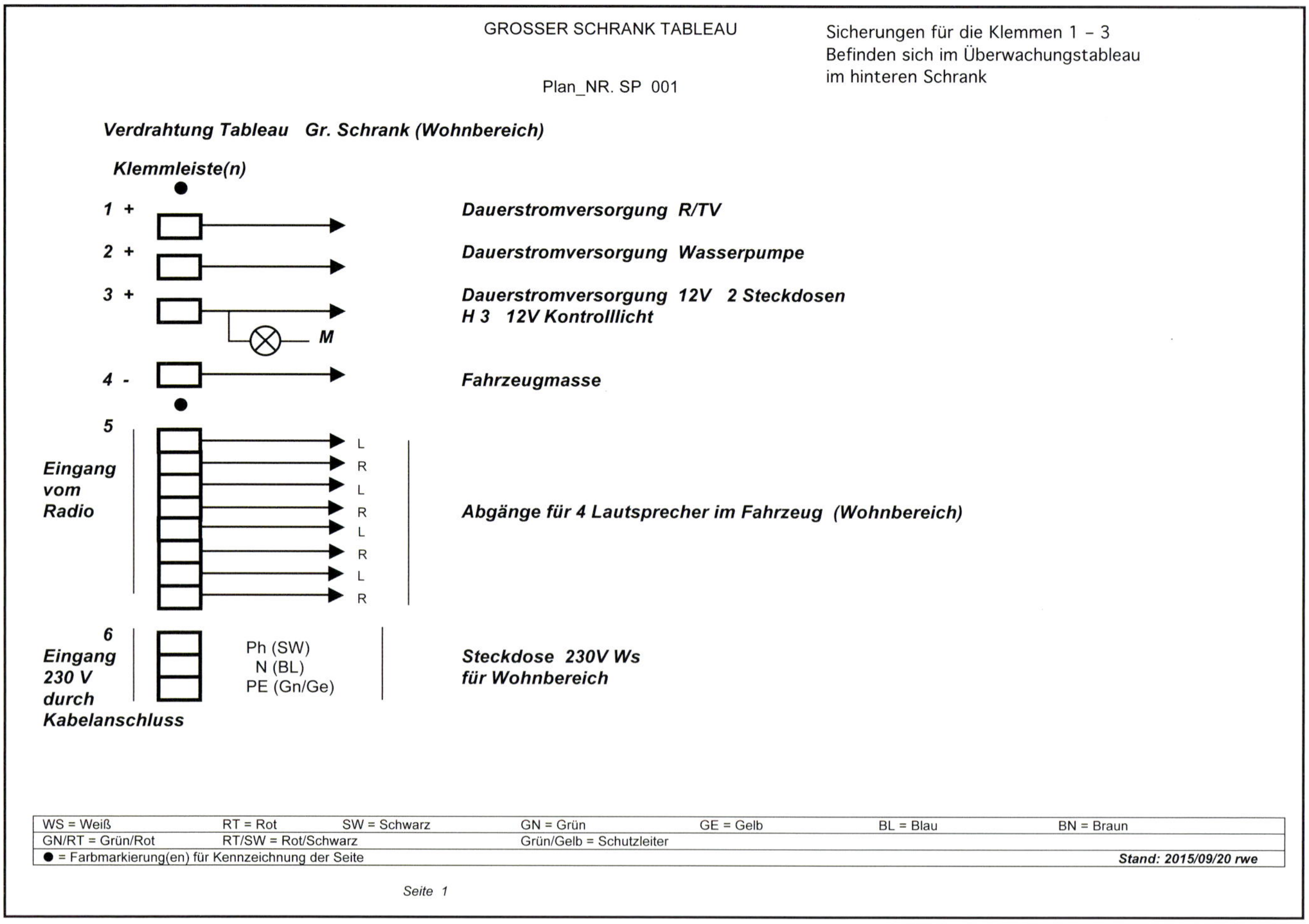

Die gesamte 230V-Ws-Zusammenschaltung des Küchenblocks und des großen Schrankes ist folgendermaßen ausgeführt:
An der hinteren Sitzbank finden sich zwei 230V-Ws-Schutzkontaktsteckdosen. Eine ist für die Nutzung des Wohnteils gedacht, die zweite zur Versorgung des großen Schrankes und der Küche (Kombüse). Im großen Schrank findet sich eine weitere 230V-Ws-Schukodose, die wiederum die Küche versorgt. Das ist praktisch eine Reihenschaltung der Einbauteile über 230V-Ws-Schutzkontaktsteckdosen. Vorteil: Die Einbauteile lassen sich einzeln von der Stromversorgung abtrennen.

Fertig

Endlich ist der große Schrank im Bus eingebaut. Kühlbox und allerlei nützliche Dinge lassen sich nun unterbringen. Er nimmt zudem ein Autoradio auf, das aus einem älteren BMW stammt. Der obere Teil birgt das Versorgungspaneel mit zwei Mal 12V Bordspannung und eine 230V-Ws-Steckdose. Von dort aus werden die beiden Steckdosen für die Kühlbox und zur Weiterschaltung ins Küchenteil versorgt. Im unteren Teil des großen Schrankes findet sich der Frischwassertank mit Tauchpumpe.

Das Versorgungspaneel oben im großen Schrank birgt zwei 12V- und eine 230V-Steckdose.

Umleimer dienen als Schutz gegen Beschädigungen.

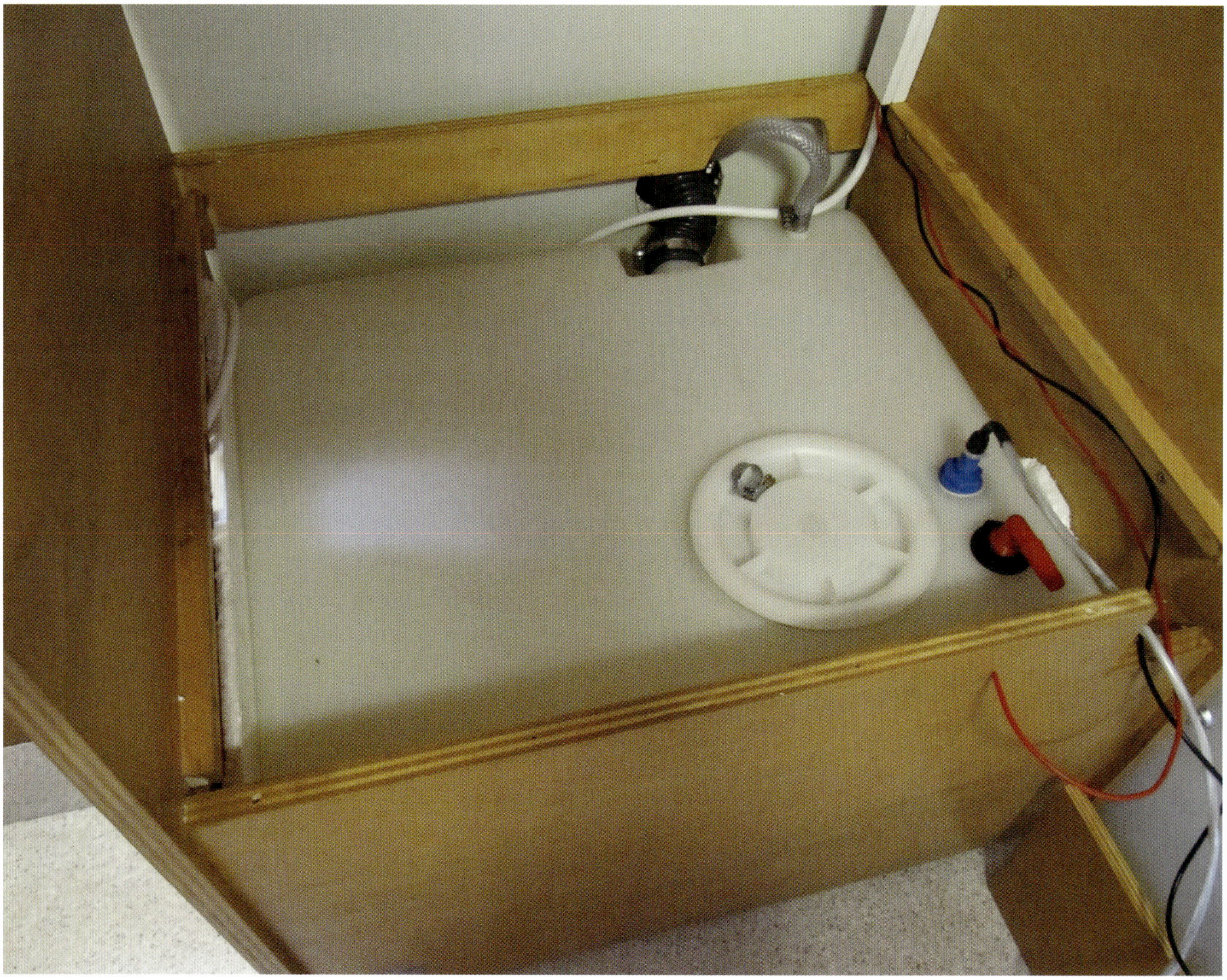

Der Frischwassertank hat seinen Platz unten im großen Schrank.

Fachböden gibt es oben ...

... und unten (über dem Frischwassertank).

Unter der Abdeckung des unteren Bodens verbirgt sich ...

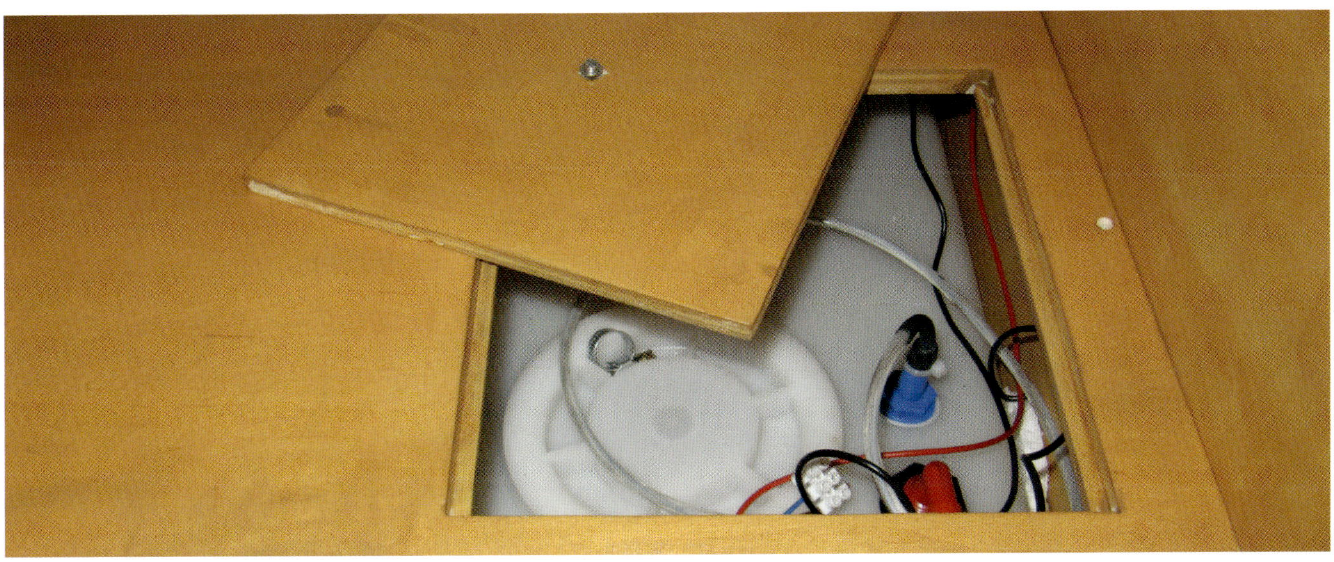

... wiederum unter einer Serviceklappe der Frischwassertank.

Radio (Stereo) für den Wohnteil

Versorgungspaneel und Lautsprecher Nr.3

Um den vierten Lautsprecher unterbringen zu können, bedarf es einer Blende rechts neben dem großen Schrank. Diese Blende darf nicht so stark auftragen, dass sie im Kopfbereich über der Sitzbank stören würde. Unter dieser Sitzbank befindet sich die Küche.

Fertiger großer Schrank mit Blende, eingebauter Küche (in der Sitzbank) und Lautsprecher

Umbau der Bank zur Kombüse (Küche)

Die vordere Bank, die entgegen der Fahrtrichtung eingebaut ist, musste etwas verkürzt werden, um ausreichend Platz für den großen Schrank zu schaffen, der den Frischwassertank und das Kleiderabteil aufnimmt. Die Bank bleibt aber breit genug, um Gaskocher und Spüle aufnehmen zu können. Die Spüle wurde unter der Sitzfläche eingebaut.

Daneben bleibt Platz für Gaskocher und Kartusche. Wir haben einen Gaskocher mit Kartusche gewählt, weil wir aus Platz- und Gewichtsgründen keine Gasflasche im oder am Fahrzeug unterbringen wollten.

Ein Gaswarner sorgt für Sicherheit im Schapp. Es gibt natürlich eine Alternative: eine Gasanlage an der Unterseite des Fahrzeugs. Dies ist aber bei Oldtimern wegen der Zulassung problematisch. Zudem muss eine solche Anlage regelmäßig vom Gutachter einer Prüforganisation geprüft werden. Wir haben davon abgesehen.

Die vordere Sitzbank ohne Sitzfläche. Die Metallschiene bildet mit dem Boden der Sitzbank den Heizungskanal.

Die Einzelteile der Sitzbank sind fertig zur Montage.

Beschläge und Schrauben

Das Seitenteil und die Armlehne aus der Originalausstattung

Die Sitzbank ist rechts und links auf je einer Metallschiene aufgebaut. Dies ist notwendig, damit der Heizungsauslass im Fußboden unterhalb des Fahrerhauses in seiner Funktion erhalten bleibt.

Im unteren und im hinteren Teil der Sitzbank finden sich Stauräume. Dort lassen sich etwa eine Persenning, Tisch und Stühle oder ein Sonnenschirm sicher verstauen.

Als Schutz für die Möbel sind im unteren Bereich Schutzblechstreifen angebracht. Die Originalbleche gibt es nicht mehr zu kaufen. Als Ersatz haben wir Hammerschlagbleche verwendet, ähnlich jenen, die früher vor Kohleeinzelöfen als Schutz gegen herausfallende Glutstücke lagen.
Der Heizungskanal in der Fahrerhausrückwand wird unter der Sitzbank, durch den unteren Boden der Sitzbank und zwischen den beiden Metallschienen hindurch fortgesetzt. Der untere Boden der Sitzbank ist aus Gewichtsgründen etwas dünner, da auch keine großen Traglasten zu erwarten sind.
Links im Bild ist der Aufbau des unteren Teils der Sitzbank für die linke Seite zu sehen. Von oben: Zuerst die Sitzbank, dann der untere Boden, das Ausgleichsbrettchen und die Metallschiene. Alle Teile sind mit der Sitzbank verschraubt.

In die Sitzbank sind zwei Schutzkontaktsteckdosen für den Betrieb von Elektrogeräten eingebaut. Der Strom wird an der Schukodose an der linken Seite der Rückbank entnommen.
Die Sitzbank wurde wie die übrigen Möbel zerlegt, abgeschliffen und mit so vielen Schichten farbiger Lasur gestrichen, bis die Farbe zu den anderen Stücken passte.

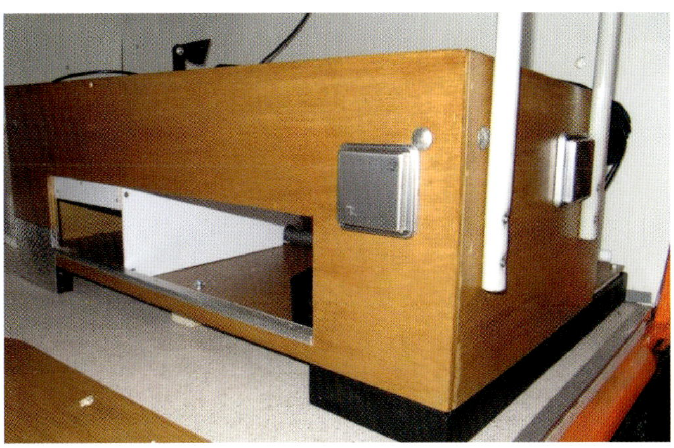

Die Bank ist im Bus, gestrichen und mit Schuko-Steckdosen versehen.

Schutzbleche helfen die Möbelfüße schonen.

Der Aufbau der Sitzbank: Von unten Metallschiene, Ausgleichsbrettchen, unterer Boden und Sitzbankkorpus

Beckenbau: In diesen Ausschnitt kommt später das Spülbecken.

Geschmacksache: Das Spülbecken lässt sich mit der normalen Dichtung (das schwarze Profilband) oder mittels der Auskleidung mit weichem PVC-Material (Streifen im Vordergrund) abdichten.

Der Einbau der Spüle ist eine gewisse Herausforderung. Auch hier lassen sich keine genauen Maße angeben, weil jeder Schrauber nach eigenen Bedürfnissen und Grundbedingungen vorgehen wird. Unbedingt beachten muss man nur den geeigneten Abstand zur Sitzbankwand und die Einbauhöhe. Immerhin soll sich die Bank noch schließen lassen, und das Abflussrohr muss knickfrei liegen.
Wie die Spüle gegen den Holzrahmen abgedichtet wird, ist praktisch Geschmackssache. Eine Möglichkeit ist der Einbau der vorgesehenen Dichtung (im Bild das schwarze Profilband). Wir haben uns für die Auskleidung der Kombüse mit weichem PVC-Material entschieden, das dick genug ist, um auch die Dichtungsfunktion zu übernehmen.

Beim Zuschneiden der Böden und Seitenteile sollte sehr präzise gearbeitet werden, da sonst die Spaltmaße zu ungenau sind. Es empfiehlt sich, zuvor mit Abfallholz zu üben oder sich notfalls von jemandem mit Erfahrung in Holzarbeiten helfen zu lassen.
Für die Wasser- und Abwasserinstallation wurden die erforderlichen Materialien im Fachhandel für Wohnwagenbedarf gekauft. Die Armatur besteht aus einem Wasserhahn mit Schalter für die Tauchpumpe, die sich im Wasservorratstank befindet.
Der Abwasserschlauch ist in einem Bogen verlegt, damit immer ein bisschen Restwasser als Geruchsverschluss im Bogen bleibt.

Installation: Im und am Beckenausschnit sind Pumpenschalter, Armatur und Hahn zu sehen.

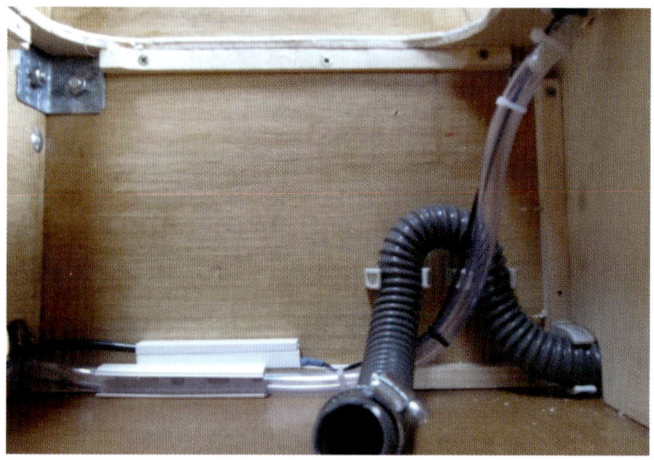

Der Abwasserschlauch wird im Bogen (Geruchsverschluss) verlegt.

Die Halteschrauben des Spülbeckens werden verklebt.

Der Holzfachmann, vorbildlich mit Gehörschutz

Das Spülbecken ist samt Frisch- und Abwasserschlauch verlegt.

Die Sitzbank ist am Boden mit drei Maschinenschrauben befestigt.

Kleiner Trick: Um die Spüle, die sehr eng an der Außenwand sitzt, mit den seitlichen Halteschrauben einbauen zu können, haben wir die Schrauben an der Spüle angeklebt. Damit war gewährleistet, dass sie beim Anziehen nicht herunterfallen können.
Die Sitzbank war nicht mit dem Bus verschraubt oder befestigt. Sie war in Fahrtrichtung verschiebbar und hatte keinen Sicherheitsgurt.
Wir haben die Bank am Boden mit drei Maschinenschauben befestigt. Dazu musste zuerst eine Aufnahme für die Schrauben geschaffen werden. Dies haben wir mit Einschraubgewinden ausgeführt. Bei Bedarf kann durch Lösen der Maschinenschrauben die Sitzbank wieder ausgebaut werden.

Zur Aufnahme der Schrauben werden Einschraubgewinde in die Bodenplatte eingeschraubt.

So sitzt die Spüle in der vorderen Sitzbank. In der Vertiefung wird der einflammige Gaskocher aufgestellt respektive während der Fahrt abgelegt.

Für die Sitzbank war ursprünglich kein Sicherheitsgurt vorhanden. Dies wollten wir aber nicht so belassen. Wir haben einen Beckengurt an der Sitzbank mit den entsprechenden Verstärkungen montiert. Da es bei einem Frontalaufprall keine Einleitung einer aus dem Frontalaufprall resultierenden Kraft gibt, ist diese Befestigungsart sicher genug. Ursprünglich war auch keine Kopfstütze bei dieser Sitzbank vorhanden. Die Kopfstützen im Fahrerhaus sind jedoch auch für den Mitfahrer ausreichend sicher, weil sie sich in unmittelbarer Nähe des Kopfes befinden.

Der Gaskocher ist auf einer Steingutfliese aufgestellt. Der Kocher kann bei Bedarf auch außerhalb des Fahrzeugs benutzt werden. Ein Polsterschutz aus schwer entflammbarem und abwaschbarem Material verhindert Verschmutzung und Beschädigung der Rückenlehne.

Miniküche: Spüle und Herd finden auf kleinstem Raum unter dem Sitz der vorderen Bank statt.

Die Möbelbeschläge

Alte Möbelbeschläge wie Griffe und Scharniere waren besonders schwierig aufzutreiben. Die unermüdliche Suche im Internet und bei Ausrüstern für VW-Busse hat am Ende aber doch einen gewissen Erfolg gebracht.

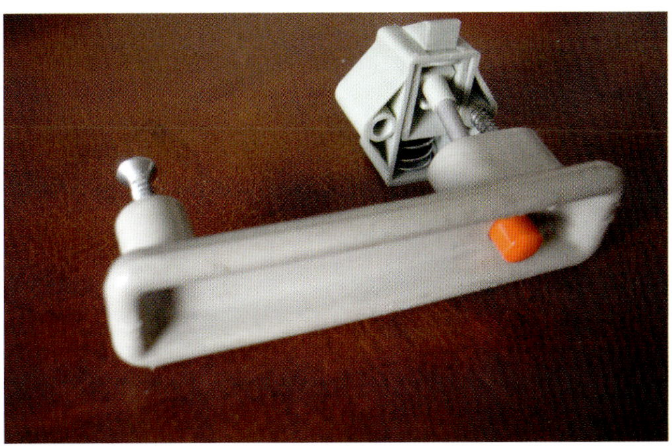

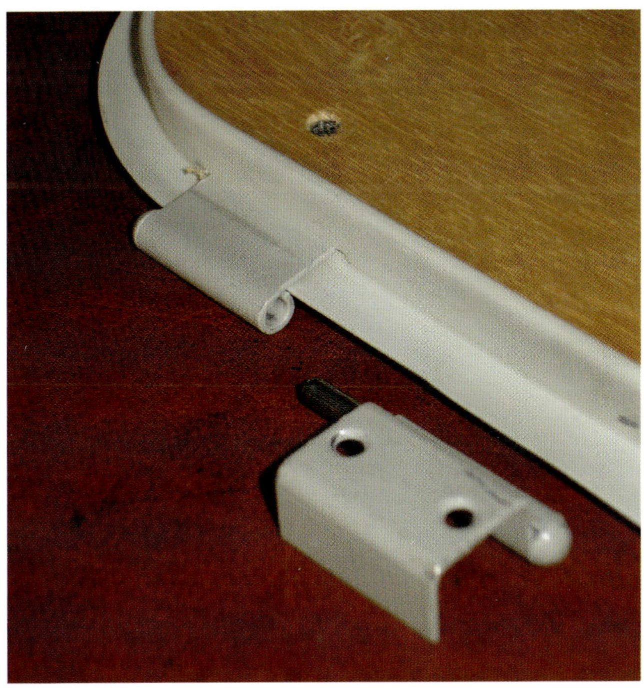

Keine Kleinigkeiten: Solide Beschläge und praktische Dinge wie pfiffige Griffe sind wichtige Details.

Gardinen und Vorhänge

Nachdem der Stoff für die Gardinen ausgesucht war, galt es, die individuellen Maße abzunehmen. Dazu mussten die Aufnahmen im Bus montiert werden. Es handelt sich um im Profil rechteckige Aluminiumleisten, die mittels je zweier Abstandsröllchen (Länge 1 bis 1,5 cm) mit Blechschrauben an der Wageninnenseite angebracht wurden. Dies ist aber nur dort möglich, wo es eine Innen- und eine Außenhaut gibt. Die Innenhaut wurde angebohrt, wie im Bild zu sehen, und dann die Aluminiumleiste angeschraubt.

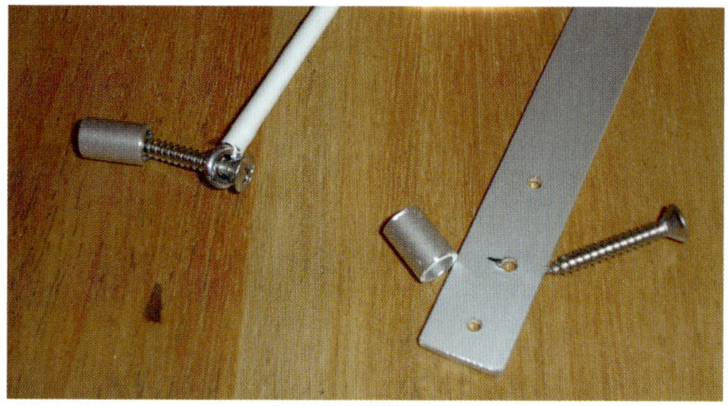

Aluleisten, gekapselte Federn, Hülsen und Schrauben dienen als Gardinenhalterung.

Unten halten die flexiblen Federleisten die Gardinen vom Flattern ab.

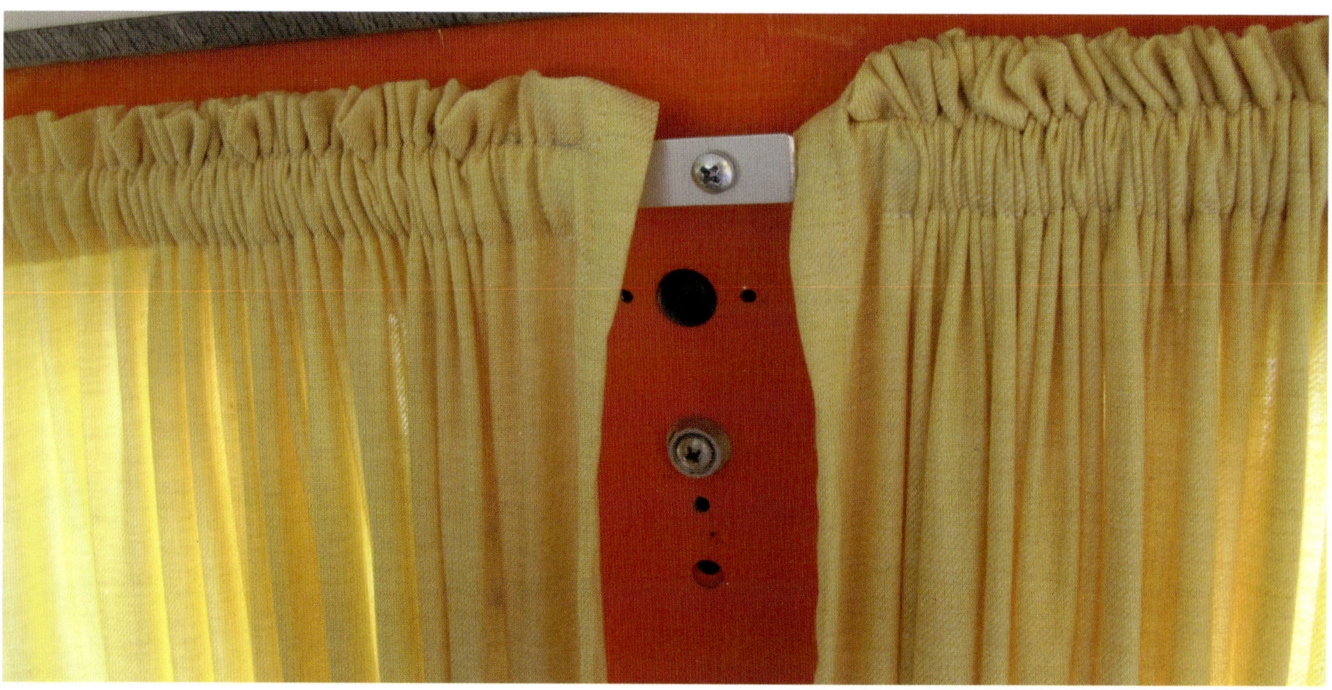

Die Halteleisten werden auf die innere Karosseriehaut aufgeschraubt.

Feste Leisten stellen sicher, dass die Gardinen in der Fenstermitte nicht durchhängen. Unten hält eine Spiralfeder, die mit einer PVC-Umhüllung versehen ist, die Gardine vom Flattern ab.

Im Stoff sind Führungstaschen eingenäht, die oben die Aluminiumleisten und unten die Spiralfedern bergen.

Auch das Heckfenster lässt sich gegen Blicke versichern. Während der Fahrt sollte die Gardine natürlich offen bleiben.

Die Vorhänge schützen vor unerwünschten Blicken ins Innere und machen den kleinen Camper hübsch wohnlich.

Leseleuchten

Da die Deckenbeleuchtung zum Lesen abends im Bett zu hell ist, sind auf beiden Seiten am Kopfende Leseleuchten installiert. Sie sind natürlich auch während der Fahrt für die Mitfahrer im Wohnraum nutzbar.

Klein, aber wirkungsvoll. Die Leseleuchten nehmen wenig Platz weg, lassen sich leicht zur Seite schwenken und geben Licht, wo es gebraucht wird.

Arbeits- und Esstisch

In jedem Fall ist ein Tisch zum Arbeiten oder zum Essen notwendig. Der vorhandene Tisch war an der Seitenwand innen zum Ausklappen angebracht. Er wurde dann auf ein einzelnes Tischbein gestützt. Es gibt im Zubehörhandel Tischfüße in unterschiedlichen Ausführungen. Wir wollten jedoch eine Lösung, bei der nicht ständig das Tischbein mit den Füßen berührt wird und fanden eine Konstruktion im Wohnwagenzubehörhandel. Sie lässt sich an der Seitenwand montieren. Der Plattentragarm lässt sich schwenken und die Tischplatte selbst ist um den zentralen Befestigungspunkt drehbar. Tischbein und Haltearm bestehen aus Aluminiumprofil.

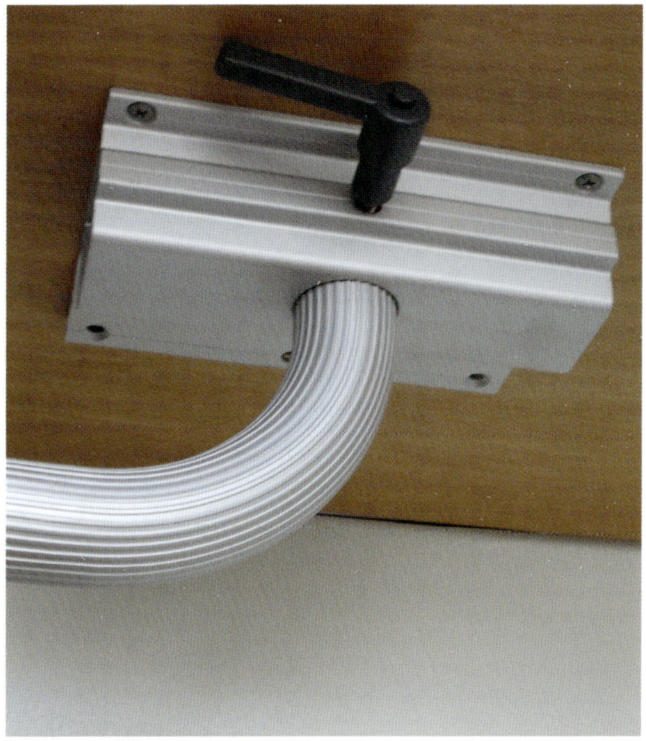

***Profiteil:** Aus dem Wohnwagenzubehör stammt die Haltekonstruktion des Klapptischs.*

Kleine Blecharbeiten für den Schutzblechstreifen

An der Sitzbank ist unten ein Schutzblechstreifen gegen Beschädigungen angebracht. Dies war ursprünglich nicht so. Der Schutzblechstreifen war nur an der hinteren Sitzbank vorhanden. Um ein einheitliches Bild zu bekommen, haben wir für alle Einrichtungen diese Schutzblechstreifen vorgesehen.
In der Regel hat nicht jeder eine Abkantbank in seiner Werkstatt. Bei kleineren Blecharbeiten ist das auch nicht erforderlich. Einige Werkzeuge sind in jeder Werkstatt sicher vorhanden. Eventuell bedarf es noch einer Blechschere aus dem Baumarkt.
Wichtig ist sehr genaues Arbeiten. Die Schenkel der abzukantenden Bleche dürfen nicht zu lang sein. Die Blechstärke sollte auch nicht zu dick ausfallen. Bei Aluminiumblech ist das aber kein allzu großes Problem. Der Schlosser, der die Bleche lieferte, hat sie gleich als Streifen in der passenden Höhe zugeschnitten. Wir mussten nur noch die Enden bearbeiten und das Abwinkeln vornehmen.

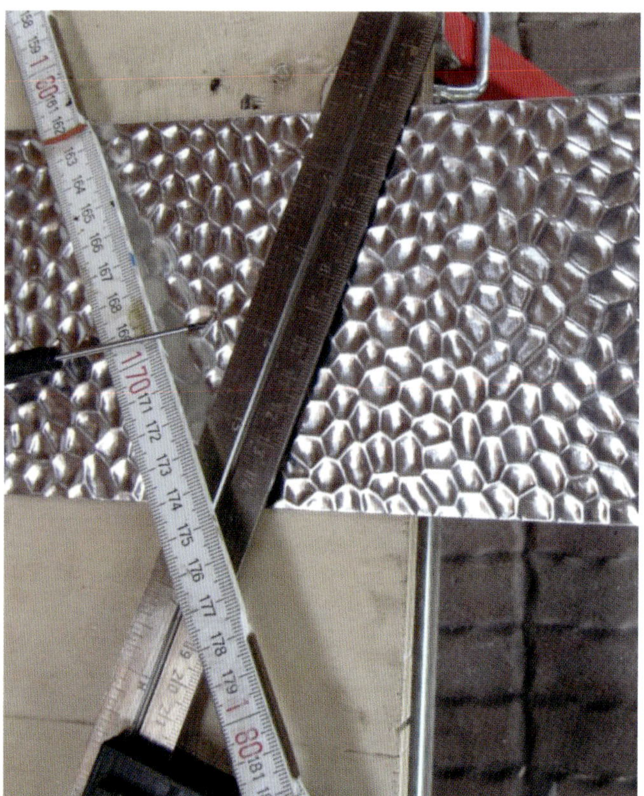

Werkzeug für die Blechbearbeitung: Blechschere für gerade Schnitte, Metallfeilen unterschiedlicher Größen, Winkel, ein kleiner Schraubendreher als Reißnadel, Bleistift

Zunächst war das Ausmessen der benötigten Länge angesagt. Für die Ecke dürfen es durchaus 2 bis 3 mm mehr sein. Dann haben wir auf unserem Werktisch in der Garage das Blech so eingespannt, dass wir es nach unten abkanten konnten. Das Blech muss absolut rechtwinklig an der Kante befestigt werden. Sodann kann das Blech mit einem weiteren Kantholz nach unten umgebogen werden.
Dies sollte aber über die ganze Breite gleichzeitig geschehen sonst gibt es eine „Schieflage".

Eine einfache Abkantbank mit Bordmitteln hergestellt

Jetzt wird im nächsten Gang das Blech angepasst und die Ausschnitte werden angezeichnet und ausgemessen. Anschließend werden die Kanten mit der Feile oder Schleifpapier geglättet.

Der Schutzblechstreifen lässt sich anschrauben oder kleben. Wir haben uns für die Verschraubung entscheiden. Die Schrauben sollten zu den schon verwendeten passen. Zuerst den Schutzblechstreifen in die endgültige Lage bringen, mit dem Dorn ein Loch eintreiben und – falls erforderlich – mit dem Bohrer behutsam vorbohren.

Wir haben einen Ausschnitt unten in der Sitzbank freigelassen. Dort lassen sich Kleinteile für die Küchenausrüstung unterbringen. Die Unterkante des Ausschnittes ist mit einer Aluminiumleiste als Stoßleiste versehen. Diese wurde auch angeschraubt.

Vor dem Einbau wollen die Schutzblechstreifen genau angepasst sein.

Anpassen, Abwinkeln, Ausklinken und glätten mit der Feile oder Schleifpapier

Mit dem Dorn werden Löcher gesetzt, die als Schraublöcher für die Befestigung dienen.

Der Abwassertank

Für unseren Bus-Typ sind bestimmte Teile nicht mehr oder nur gebraucht und oft in schlechtem Zustand zu bekommen. Das galt auch für den Abwassertank, der gar nicht mehr erhältlichn war. Wir mussten uns also selbst behelfen.
Unser guter Edelstahlschlosser im Nachbarort hat uns daraufhin einen maßgeschneiderten Abwassertank gebaut. Normalerweise fertigt er Tore und Kunstobjekte.

Wir wollten bei dieser Lösung natürlich die Höhe des Abwassertanks so gering wie möglich halten, damit die Bodenfreiheit nicht weiter eingeschränkt ist. Das ist bestens gelungen. Der Schlosser hat den Tank auch auf Dichtigkeit geprüft. Der Stahltank fasst rund 45 Liter. Das Abwasser wird über einen Kugelhahn 3/4" entsorgt. An den Kugelhahn wird ein 90°-Auslassbogen angeschraubt.

Der maßgeschneiderte Abwassertank liegt zur Passprobe bereit. Der rote Hahn sperrt den Ablauf.

Die Befestigungsleisten sind am Mittelrahmen und an den Außenseiten fest verschraubt und halten den Tank von unten am Fahrzeugboden. Zur Geräuschdämmung sind zwischen Fahrzeug und Abwassertank Gummistreifen eingelegt. Die Zulauföffnung am Abwassertank selbst ist nach dem Maß des Bodendurchlasses (Länge der Durchführung) gemacht.

Simpel und effektiv: das Befestigungsmaterial für den Abwassertank.

Streben unterfangen den Tank und halten ihn unterm Wagenboden. Zwischen Tank-und Bodenblech sorgen Gummistreifen für Geräuschdämmung.

Der Erste-Hilfe-Kasten

Der Erste-Hilfe-Kasten ist im Fahrerraum unter dem Armaturenbrett in einer Halterung untergebracht. Der Kasten stammte noch aus der Zeit der Auslieferung des Fahrzeugs. Wir haben ihn gereinigt und mit neuem Inhalt nach den aktuellen Vorgaben ausgestattet.

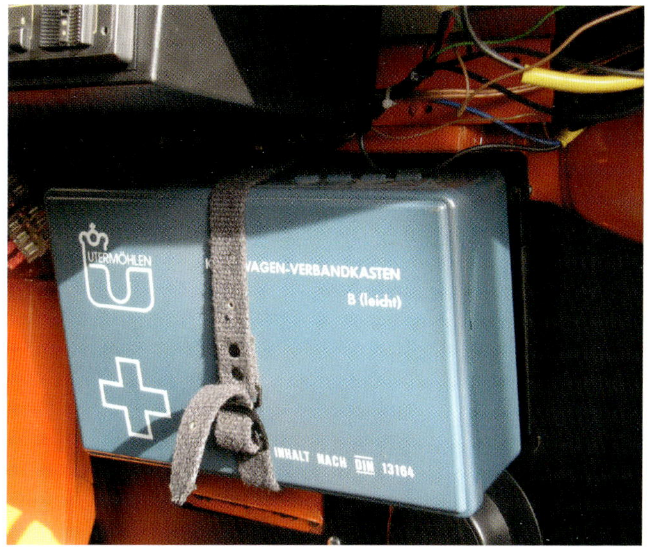

Da gehört er hin: Der gereinigte und neu bestückte Erste-Hilfe-Kasten wird wie gehabt griffbereit im Fußraum vor dem Beifahrersitz angebracht.

INTERMEZZO: DIE RÄDER

Eine Frage der Sicherheit

Die M&S-Reifen waren schon einige Jahre auf den Felgen, hatten zwar noch sehr gutes Profil, waren aber bockelhart (so sagt man in Franken) – kurz, sie waren steinalt und mussten dringend ersetzt werden. Die Auswahl ist heute nicht mehr sehr groß.
Die Felgen wurden mit Trockeneis von Farbresten und Rost gesäubert, grundiert und dann mit Felgensilber neu lackiert. Die Radkappen aus Chrom mussten nur gereinigt und mit Chrompolitur aufbereitet werden.

Originaloptik: Der Zustand von Rädern und Reifen ist nicht bloß eine Frage der Ästhetik. Die Sicherheit fängt bei guten und frischen Gummis an.

VDO
Felge/Rim 5 ½ J x 14
Reifenfülldruck/Tire Inflation Pressure
vorn front hinten rear
185 R 14 C 6 PR 2.1 bar 30 psi 3.1 bar 44 psi
185 SR 14 reinf. 2.1 30 2.9 40

7

MOTOR UND MOTORRAUM

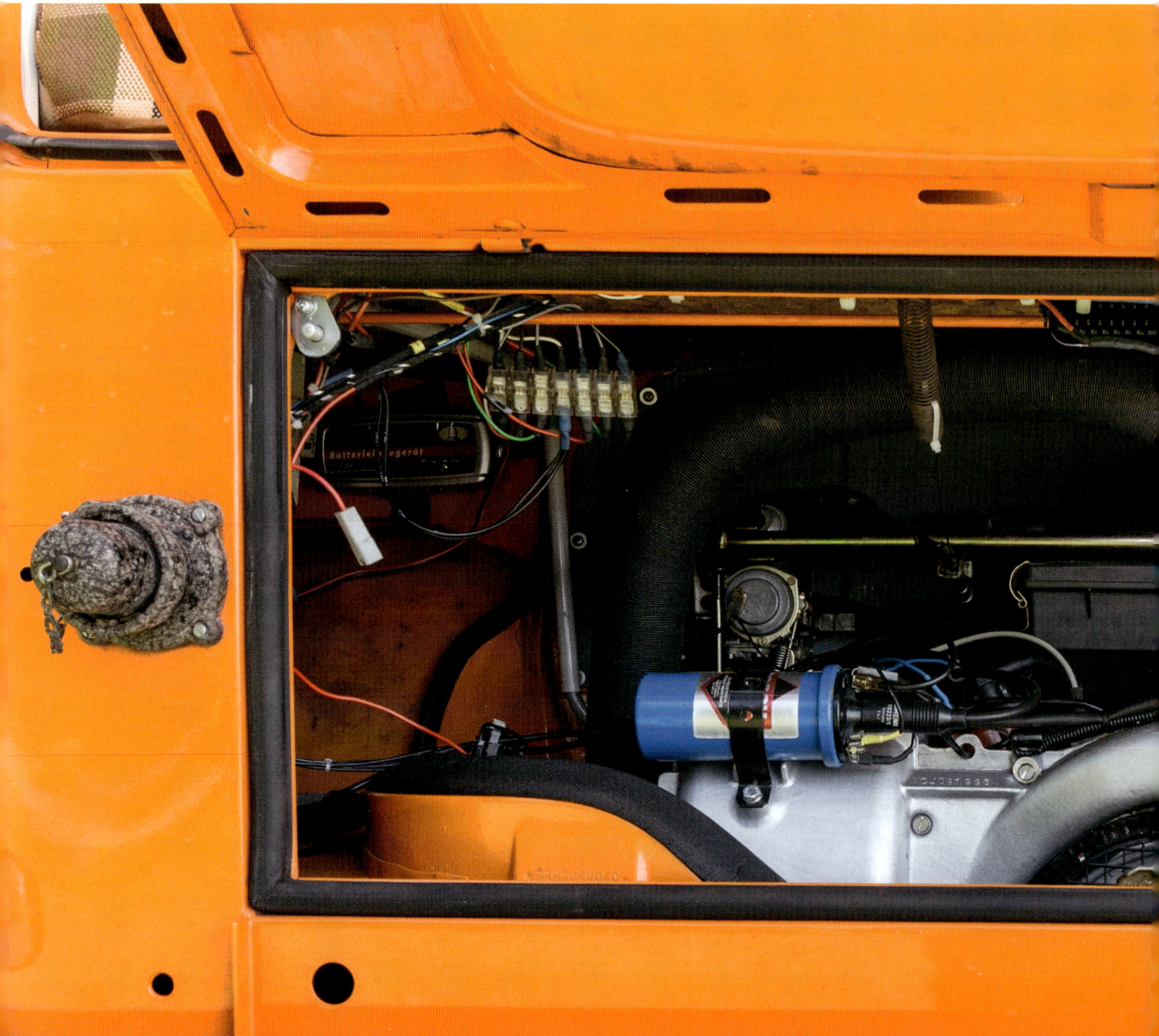

Der Boxer muss raus

Bevor wir uns dem Motorraum und dem Motor widmen konnten, musste der Motor ausgebaut werden. Das war recht schnell geschehen, da der VW-Bus ja schon auf der Hebebühne und leicht erhöht aufgebockt war. Es wurden alle Verkabelungen und Verbindungen wie Benzin- und Luftschläuche zum Fahrzeug gelöst. Alle Verbindungen wurden notiert.

Dann haben wir einen Rangierwagenheber mit einer Auflage, damit nichts beschädigt werden konnte, unter dem Motor in Stellung gebracht. Die vier Verschraubungen am Getriebe wurden gelöst, und der Motor ließ sich nach hinten abziehen, sodass er auf dem Rangierwagenheber auflag. Jetzt konnte der Motor vorsichtig abgelassen und unter dem VW-Bus hervorgezogen werden.

Der Motor wurde mit einem kleinen Deckenkran angehoben und am Montageständer befestigt. Jetzt eine Besonderheit: Bei den luftgekühlten Volkswagenmotoren müssen auf die Ansatzpunkte des Montageständers aufsteckbare Verlängerungen aufgebracht werden, damit der Abstand zwischen Motorschwungscheibe und Montageständer ausreichend ist. Natürlich müssen jetzt längere Schrauben zur Befestigung des Motors verwendet werden.

Da der Motor keine Auffälligkeiten beim Laufen und im Betrieb zeigte, haben wir uns entschlossen, ihn nicht komplett zu zerlegen. Es war angedacht, die Luftverblechung, die Dichtungen und Verkabelung der Zündanlage zu überholen. Wegen der hohen Betriebstemperaturen sollte dann ein Ölkühler für einen ausgeglichenen Wärmehaushalt sorgen. Weiter sollten auch die Ventile eingestellt werden. Für bessere Wartungsfreundlichkeit wurde eine elektronische Zündanlage eingebaut.

Das schöne an alten VW-Bussen: Die Technik ist kein Hexenwerk. Selbst ein Motorausbau ist bei guter Vorbereitung und mit Helfern relativ leicht machbar. Ein ordentlicher Rangierwagenheber und in unserem Fall ein Deckenkran erleichtern das Vorhaben, und mit dem Montageständer wird die Arbeit am Motor zum Vergnügen.

Da die luftgekühlten Volkswagenmotoren, die auch noch im Heck des Wagens arbeiten, im Betrieb oft sehr heiß werden, ist davon auszugehen, dass viele Gummiteile und Dichtungen nach 30 Jahren nicht mehr einwandfrei sind.
Außerdem schien der Geber für die Tankuhr defekt zu sein, und nach dem Abstellen des Motors roch es ziemlich deutlich nach Benzin. Die 30 Jahre alten Benzinschläuche waren schlicht porös geworden – und das bedeutete nicht bloß Geruchsbelästigung, sondern echte Gefahr. Also wurde zuerst der Motor ausgebaut und dann der Tank.

Steht der Motor nicht mehr im Weg, lässt sich leicht am Blech arbeiten.

Ansichten vor der Restaurierung

Die linke Seite des Motorraums, Platz für Batterie und Stromversorgung

Die rechte Seite. Dort kommt dann die Starterbatterie unter.

Im Hohlraum über dem Getriebe ist der Benzintank des Busses untergebracht.

Hier geht die Benzinleitung aus dem Tankraum ab.

Die Motorbleche wurden entrostet, hier und da war ein wenig Schweißen nötig. Im Motorraum wurden Unebenheiten aus Reparaturen, die der Vorbesitzer gemacht hat, gespachtelt, grundiert und wieder mit Farbe versehen. Im Motor- und im Tankraum haben wir die Lackierung mit der Sprühdose ausgeführt. Das Ergebnis kann sich sehen lassen.
Für die Batterien haben wir zwei neue Aufnahmewannen mit Bügelhalterungen aus 2-mm-Edelstahl angefertigt. Es sind einfache Platten mit 1,5 Zentimeter hochgebogenen und zusammengeschweißten Rändern. Diese sind mit dem Boden verschraubt.
Die Batterien erhalten einen Entgasungsschlauch, der die Schwefelsäuredämpfe nach außen führt. Zwei angeschweißte Muttern mit zwei Gewindestangen sowie einem Bügel oben halten die Batterien an ihrem Platz.

Der Ausbau des Benzintanks war erforderlich, da die Tankanzeige und hier vermutlich der Geber nicht die genaue Benzinmenge angezeigt hat. Bei vollem Tank zeigte das Anzeigeinstrument etwa halbvoll. Also wurden der Tankraum geöffnet und der Tank ausgebaut.
Im Tankraum gab es nicht viel zu tun. Er erwies sich wie schon die allermeisten übrigen Hohlräume als bestens erhalten. Ein wenig Rost im Bereich der Entnahmeleitung war der einzige Schönheitsfehler. Benzinleitungen und Spannbänder wurden gelöst, und der Tank ließ sich problemlos ausbauen.
Es sollte auf jeden Fall der Schlauch vom Einfüllstutzen zum Tank getauscht werden. Das Teil ist nach so langer Zeit mit Sicherheit porös und entlässt Benzindämpfe ins Fahrzeug – Vergiftungs- und Brandgefahr!

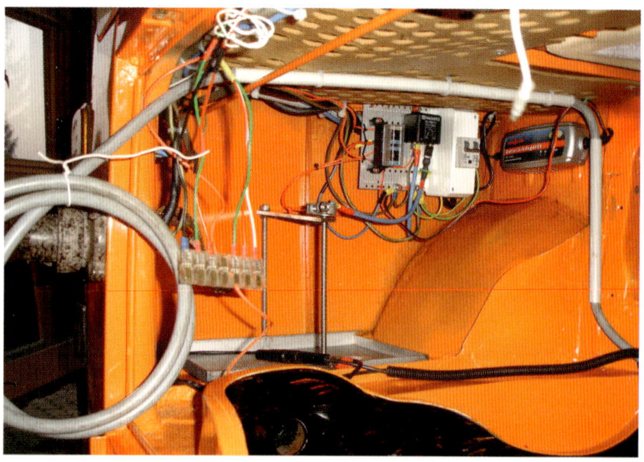

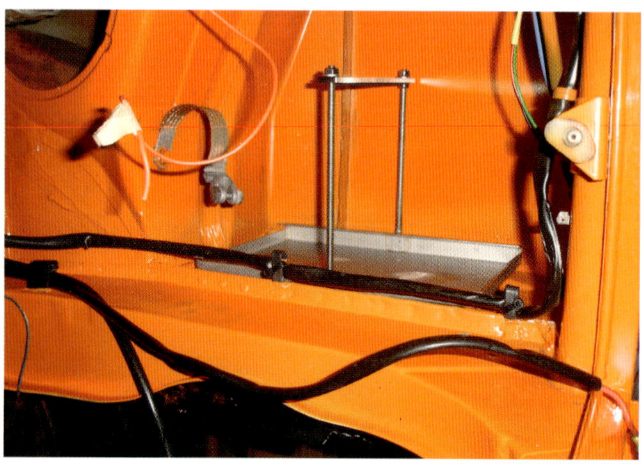

Sauber verlegt: Sowohl die Batteriehalterungen links (Bild oben links) und rechts (Bild unten) sind eingebaut als auch der Tank (oben). Nun kommt die Kabelei dran.

Die wenigen Problemstellen wurden entrostet, grundiert und lackiert. Anschließend wurde der Tank im unteren Bereich entrostet und neu lackiert. Innen war der Tank in hervorragendem Zustand. Der Tankraum selbst, vor allem die Seiten über den Radhäusern und der Bereich zum Einfüllstutzen, wurde reichlich mit Hohlraumschutzfett ausgesprüht.

Die Tankraumabdeckung wartet auf den Wiedereinbau.

In dem Alter verdient der Tank einen genauen Blick. Der hier musste praktisch nur lackiert werden.

Das Ölmanagement – mehr Kühlung

Für die Überwachung der Temperatur des Motors wurde eine Öltemperaturanzeige mit Messung und für den Öldruck eine Anzeige mit Geber eingebaut. Das Trio voll macht ein Drehzahlanzeiger. Dazu mussten am Motor kleine Anpassungen erfolgen, um die Geber und den Abgriff für den Ölkühler herzustellen. Die elektrischen Anschlüsse erfolgen über die 10-polige Verkabelung (ein flexibles Steuerkabel) zwischen Motorraum und Fahrerkabine.

Um für hochsommerlichen Urlaubsverkehr ganz sicher zugehen, wurde außerdem ein Ölkühler installiert. Der Abgriff erfolgt an der Anschlussstelle des Ölfilters. Dort wird ein Adapter zwischengeschaltet, der über zwei Anschlüsse, Zulauf und Rücklauf, in den Motorölkreislauf eingefügt wird.

Der zusätzliche Ölkühler stabilisiert den Temperaturhaushalt im Motor und lässt sich beim T2 verhältnismäßig leicht anbringen. Zur Installation gehören neben Kühler (im Bild oben), Filter (rote Patrone), Adapter (Mitte) und ein paar Anschlussteilen …

... nicht zuletzt ein paar Meter Hochdruckleitung, immerhin trennt Motor und Kühler fast die komplette Fahrzeuglänge.

Idealerweise wird ein Ölkühler an der Front des Fahrzeugs im Fahrtwind angebracht. Ein Montageort unter dem Fahrzeug ist wegen der schlechten Kontrollierbarkeit des Ölkühlers nicht sinnvoll. Nachteilig ist natürlich, dass für die Frontmontagelösung mehr Motoröl benötigt wird, vor allem bei einem Heckmotor.

Ölmanagement: Adapter für Ölfilteranschluss mit Abgängen der Hochdruckleitung für den Ölkühler

Gelber Pfeil	***Untere Motorhalterung***
Blauer Pfeil	***Anschlussadapter für Ölkühler***
Roter Pfeil	***Ölfilteranschluss am Fahrzeug***
Grüner Pfeil	***Anschluss für Hochdruckleitung***

Wir wollten eine Anzeige für den Öldruck inklusive Druckwarnung. Der Geber für Öldruck plus Warnkontakt ist aber größer als der serienmäßige reine Druckgeber. Der Anschluss musste also wegen der Verblechung der Luftkühlung um 90 mm nach oben verlängert werden. Außerdem war der Zündverteiler im Weg. Wir benötigten eine Verlängerung.
Im Zubehörhandel werden verschiedene Angebote geführt, die aber keine hundertprozentige Lösung darstellen. Also gingen wir auf die Suche. Es gab feste Rohrausführungen, die zu kurz waren, oder flexible, die zu lang ausfielen. Also musste eine andere passende Lösung gefunden werden. Diese haben wir bei der Firma Goodridge gefunden. Die Firma hat uns eine flexible Lösung in passender Länge von 90 mm hergestellt.
Die Verlängerung sollte so kurz wie möglich ausfallen, da sonst das Messergebnis beeinflusst werden könnte. Der VDO-Geber hat einen Anschluss für einen Warnkontakt (rote Leuchte) und einen Druckgeber, der den tatsächlichen Öldruck anzeigt. Der VDO-Geber wird an einer Halterung aus Lochband mit einer Schlauchschelle gegen Vibrationen fixiert.

Kontrolle: Den Ölhaushalt helfen zwei Instrumente überwachen, die im Cockpit untergebracht werden: Temperatur- (links) und Druckanzeige.

Der Geber für die Öldruckanzeige fand seinen Blitz neben dem Zündverteiler.

Die Geberanschlüsse: Anzeige (G) und Warnkontakt (WK)

Die Öltemperatur wird unten im Ölsumpf gemessen. Da bedarf es einer hitzefesten Leitungsverlegung. Hitzefester Silikonschlauch kommt zum Schutz der Leitung zum Einsatz. Der Messfühler für die Temperatur wird anstelle der normalen Ablassschraube in die Ölwanne eingeschraubt.

Die Öltemperatur wird über einen Meßfühler ermittel, der anstelle der Ablassschraube in die verrippte Ölwanne eingedreht wird. Hitzefester Silikonschlauch schützt die Leitung.

Motorbleche retten

Auf den folgenden Bildern ist der unterschiedliche Zustand der Verblechungen dokumentiert – von „gut" bis „teilweise nicht mehr vorhanden".

Von grottig bis brauchbar: Die Motorbleche haben ein hartes Leben. Manche lassen sich noch aufarbeiten, bei manchen hilft bloß Ersatz.

Beim Entrosten von Anbauteilen vor der Werkstatt sollte man zumindest einen leichten Atemschutz gegen den unvermeidlichen Staub tragen.

Hoffnungsschimmer: Das Blech sieht noch ziemlich brauchbar aus.

Die an den Blechen angeschweißten Muttern waren oft eine unlösbare Verbindung mit den Schrauben eingegangen. Da half dann nur ein neues Stück Blech mit einer eingeschweißten neuen Mutter.
Die Verblechungen wurden mit der Drahtbürste bis auf die gute Substanz abgeschliffen und neu mit einem hitzefesten Lack (bis 800 °C) lackiert. Die Gummiteile, so sie noch wiederverwendbar waren, wurden mit Bremsenreiniger gereinigt und wieder eingesetzt.

Die Entrostungsarbeiten wurden mit Staubschutzmaske vorgenommen. Für die Lackierung reicht die Qualität eines Sprühdosen-Auftrags.
Die Aluminiumabdeckung des vorderen Gebläsegehäuses haben wir für kleines Geld sandstrahlen lassen, leicht übergeschliffen, damit die Oberfläche nicht so rau ist und mit hitzefester Farbe (bis 800 °C) lackiert. In 30 Jahren setzt sich doch jede Menge Schmutz innen und außen an den Gehäusewandungen fest.

Da muss man sich entscheiden: Schweißen, schleifen, retten oder entsorgen und Ersatz kaufen?

Warum sich Kauf oder Bau eines Montageständers lohnen: Besser lässt es sich nicht am Motor arbeiten.

Einfach schöner: Nach der Reinigung macht ein wenig Lack das Finish rund.

Da der Rumpfmotor selbst nicht geöffnet werden musste, er lief einwandfrei, musste er nur gereinigt werden: Ölrückstände entfernen, entrosten und die Aluteile oberflächlich von der Oxidation befreien. Eine Restschicht wurde belassen, da diese einen natürlichen Schutz darstellt.
Die farbliche Gestaltung haben wir ein bisschen freundlicher ausgeführt. Die Abgasanlage wurde silberfarben lackiert, die Kurbelgehäuse-Entlüftung rot, ebenso die Ventildeckel. Die Luftkühlverblechung wurde natürlich wieder in Schwarz ausgeführt.

Nach der Blechteilrenovierung empfiehlt sich die Lackierung der Bleche wieder in Schwarz – der besseren Wärmeabfuhr zuliebe.

Viele Teile aus dem Bereich von Abgasanlage und Heizung waren schon beim Kauf defekt gewesen. Sie mussten also ohnehin erneuert werden. Obendrein waren sie unsachgemäß geschweißt worden. Die übrigen Verblechungen und Rohrenden wurden nur erneuert, wenn sie nicht mehr instandzusetzen waren. Für einige Teile gibt es noch oder wieder Neuteile, aber leider nicht für alle.

Derartige hässliche Ausfressungen durch Korrosion lassen sich bei den alten Motoren kaum verhindern.

Alle Gummiteile und Dichtungen wurden, sofern es Neuteile gab, erneuert. Teilweise waren die Gummiröhrchen der Unterdruckversorgung defekt, aber auch manche Luftführungsschläuche. Die Wärmetauscher und die Auspuffanlage wurden grundiert geliefert und von uns ebenfalls mit einer hitzefesten Farbe (bis 800 °C) lackiert.

Neu und alt: Die Heizbirnen waren nicht mehr zu retten, es musste Ersatz her.

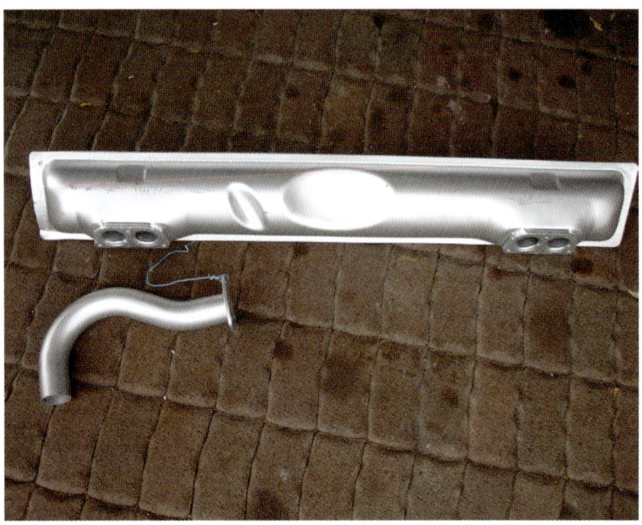

Wie die Wärmetauscher erhielten auch Schalldämpfer und Endrohr einen Auftrag aus hitzefester Farbe.

Die Nebenaggregate

Nebenaggregate wie die Lichtmaschine sowie die Lüftungsabdeckungen wurden ebenfalls entrostet und neu lackiert. Die Gummiteile, so sie keine Beschädigungen aufwiesen, wurden mit Bremsenreiniger gesäubert und wiederverwendet.

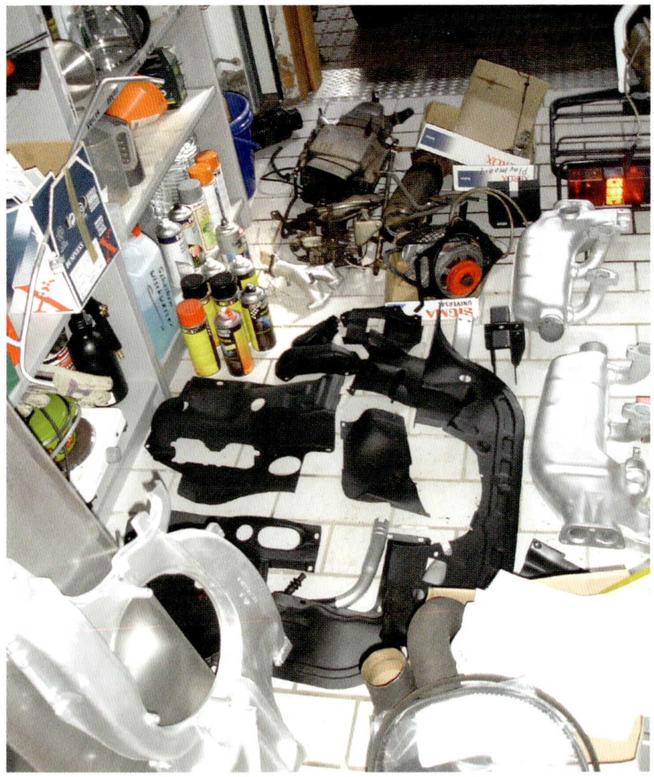

Hinter dem Lüftungsgitter sitzt die Lichtmaschine, die neuerdings eine rote Riemenscheibe trägt.

Die Zündanlage

Die Zündanlage, bestehend aus Verteiler, Hochspannungskabel, Zündspule und Steckverbindungen, wurde fast komplett neu aufgebaut. Im Verteiler wurde eine elektronische Zündanlage, die ohne Kontakte arbeitet, eingebaut. Weiter sind eine leistungsstärkere Zündspule und neue Hochspannungszündkabel montiert.

Die Steuereinheit im Verteiler, ...

... der Geber und ...

Die Montage ist grundsätzlich einfach. Anstelle der Kontakte wird die Steuereinheit im Verteilergehäuse montiert. Auf die Drehachse wird der Geber aufgesteckt.

Als Letztes wird der Verteilerfinger auf die Drehachse aufgesteckt. Grundsätzlich haben wir das auch so nach Anleitung gemacht. Es stellte sich aber heraus, dass der Fuß des Verteilerfingers um etwa 2 mm gekürzt werden musste, damit die innere Rastnase sicher auf der Drehachse einrasten kann. Stand aber nirgends in der Montagebeschreibung.

... der Hochspannungsverteilerfinger.

Passt: Die Verteilerkappe ist montiert.

Für die Grundeinstellung der Zündung wichtig: Auf der Skala ist der Null-Grad-Punkt rot markiert.

Der Motor ist fertig. Fehlt bloß noch der Vergaser.

Der Motoreinbau

Der Einbau des Motors geht im Prinzip in umgekehrter Reihenfolge vonstatten wie der Ausbau. Es kann jedoch sein – so war es bei uns –, dass nun der Motor etwas sperriger ist, weil wir ja allerhand ergänzt und renoviert hatten. Er ging also erst dann wieder hinein, nachdem wir einige Motorbleche, die Zündspule, und den Öleinfüllstutzen demontiert hatten.
Die Sache war so, dass die unteren Bolzen und die Getriebewelle so viel Platz benötigten, dass seitlich und hinten nicht genug Montageraum zur Verfügung stand.
Das war beim Ausbau, weil vieles nicht mehr an seinem Platz montiert war, nicht weiter aufgefallen.

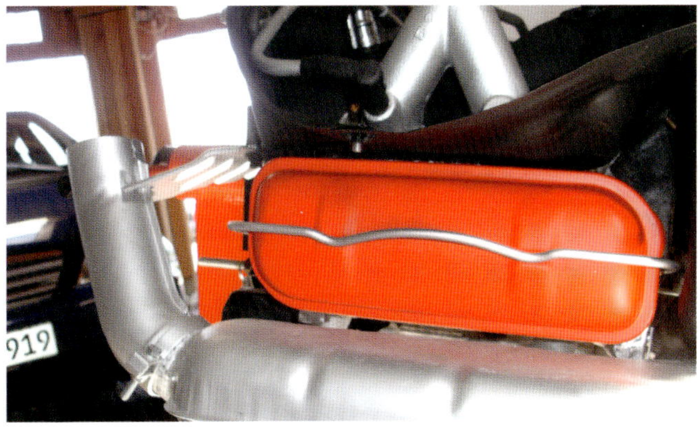

***Farbtupfer:** Wer mag, kann etwa mit Ventildeckeln und Abgasanlage Akzente setzen.*

***Vor der Hochzeit:** Der Motor kann jetzt mit Gefühl unters Auto rangiert und wieder hineingehoben werden.*

Also haben wir den Bus etwas abgelassen, den Wagenheber etwas hochgepumpt, sodass die Bolzen und die Getriebewelle mit ihren Führungen einander genau gegenüberlagen. Wagenheber in Richtung Getriebe geschoben – fertig. Jetzt mussten die zwei oberen Schrauben auf dem Getriebe zum Motorraum durchgesteckt werden, Muttern oben und unten drauf – auch fertig. Die zuvor kurzfristig abgebauten Teile haben wir dann gleich wieder montiert.

Hinweis:

Der zur Verfügung stehende Platz für den Einbau des Motors ist sehr eng. Es gibt die Möglichkeit, die wir aus Unkenntnis nicht wahrgenommen haben, die untere Quertraverse unterhalb der Motorhaube mittels zweier Schrauben an jeder Seite demontierbar zu machen. Diese Blecharbeit ist sinnvoll, da sie alle Arbeiten, die mit dem Motorenausbau oder auch Abgasschalldämpfer zusammenhängen, wesentlich erleichtert.
Da wir das zu spät erkannt hatten, haben wir es uns für die nächsten größeren Arbeiten am Bus vorgemerkt.

Mit Gefühl: Wie beim Aus- leistet der Rangierwagenheber auch beim Einbau gute Dienste. Ein paar helfende Hände sind trotzdem immer willkommen.

Gesunde Zähne – das Getriebe

Das Getriebe war dicht. Weil kein Mensch mehr sagen konnte, wie alt das Öl war, haben wir es natürlich ebenfalls gewechselt. Ein wenig metallischer Abrieb an der magnetischen Ablassschraube ist übrigens noch kein Grund zur Sorge.

Auch das Getriebe kann frisches Öl vertragen. Oben die Ablass- unten die Einfüllöffnung.

PRESS
FAIRLINE
KÜFFNER GmbH
Rehatechnik • Rollstuhlcenter
Nürnberg ☎ 0911-447288
Heilsbronn ☎ 09872-8700
185R14C
PRODUCTS

8

DIE HEIZUNG

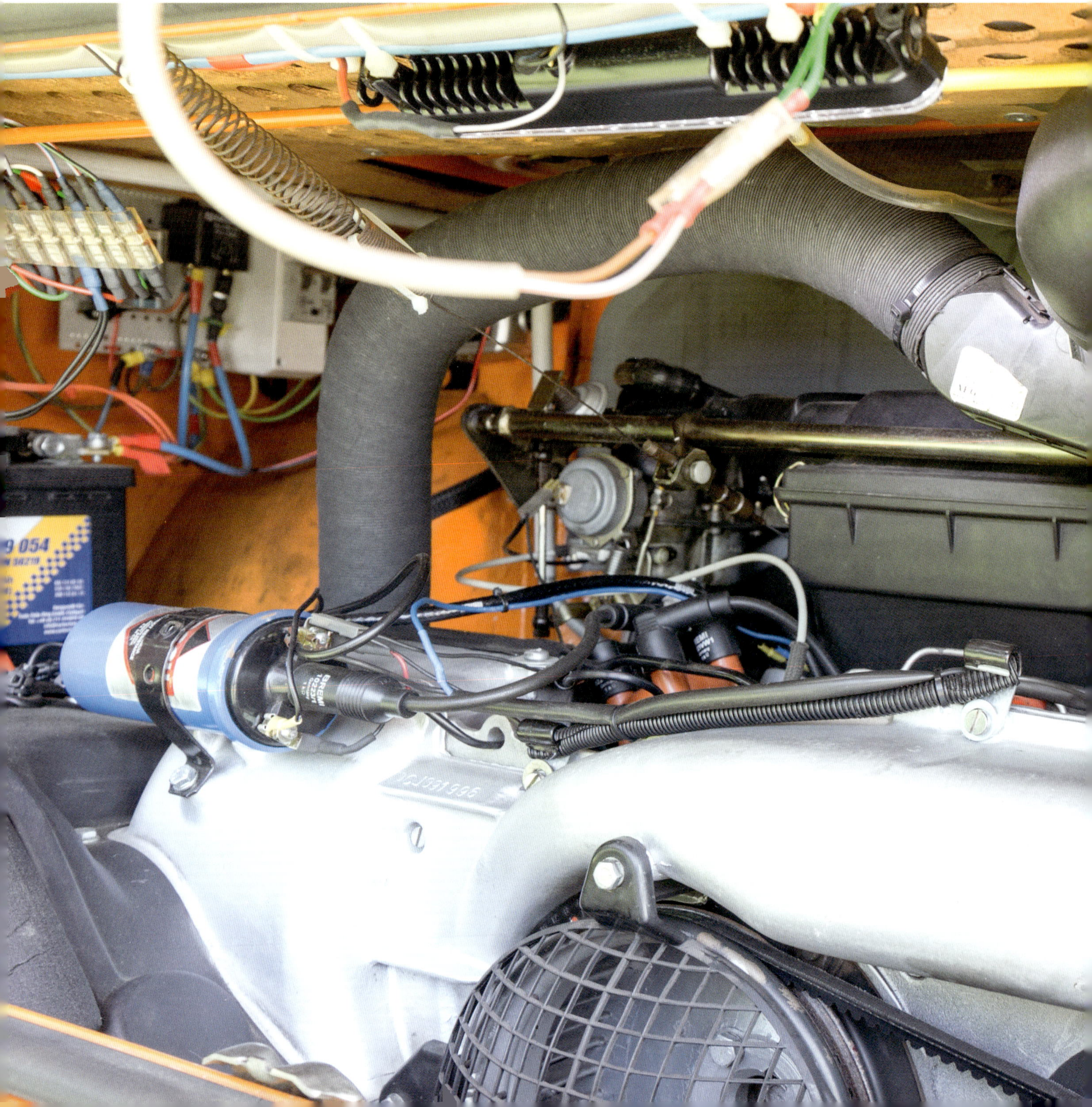

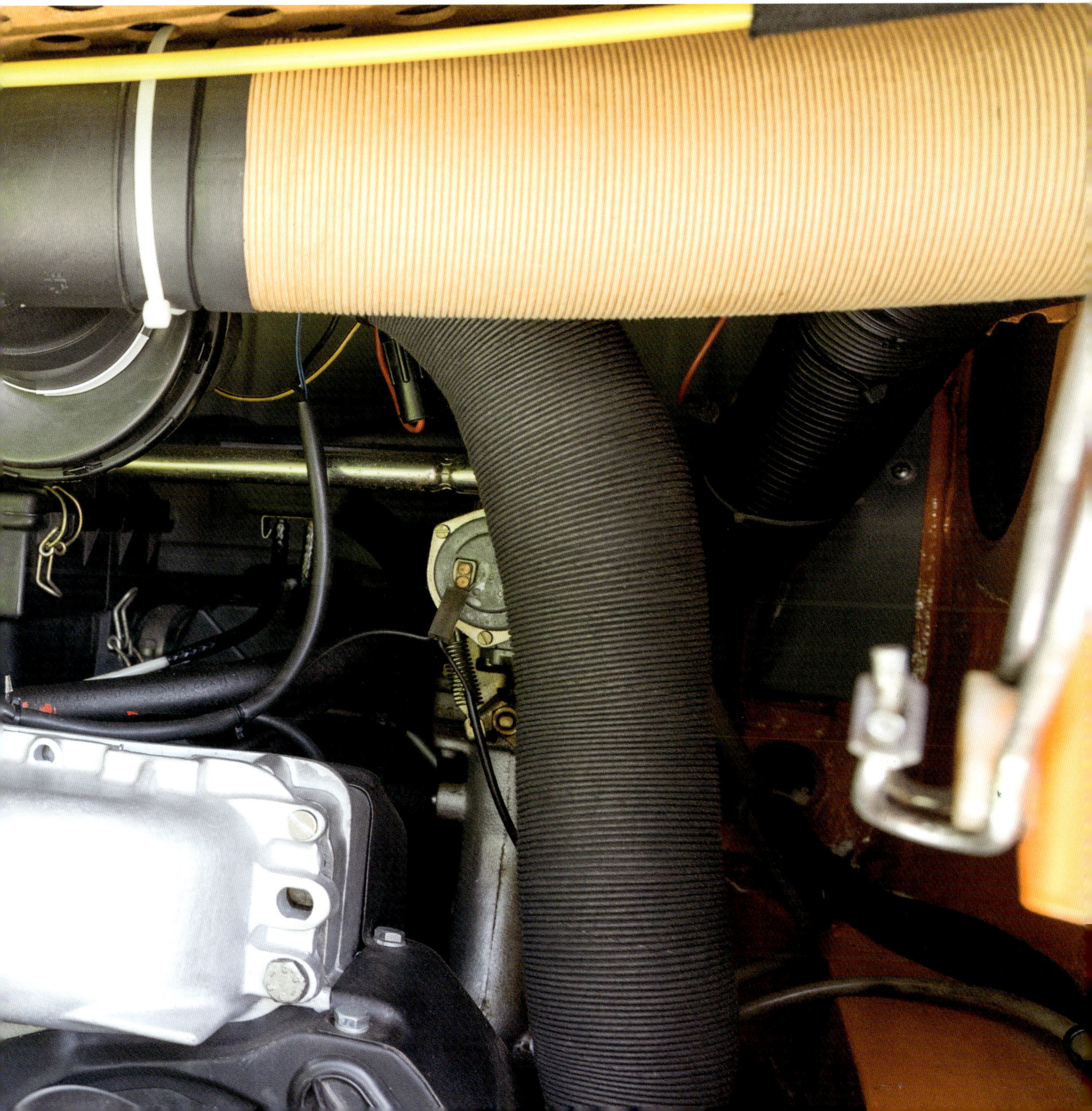

Die Serien-Heizung

Im Bus findet sich eine Luftheizung, die über das Kühlgebläse (beim 50-PS-Motor) oder über einen separaten elektrischen Lüfter (70 PS) versorgt wird. Die angesaugte Luft wird über zwei Wärmetauscher, einer an jeder Zylinderbank, von den heißen Abgasen aufgewärmt. Durch ein Rohrsystem im und unter dem Fahrzeug wird die angewärmte Luft ins Wageninnere geblasen.
Der Ansaugstutzen im Motorraum saugt leider auch die am Motor austretenden Dämpfe mit an. Dies ist unter Umständen kaum wahrnehmbar. Wir haben aber etwas dagegen unternommen. Der Ansaugstutzen wurde kurzerhand in den Frischluftkanal (Ansaugbereich) verlegt, eine kurze Verlängerung mit KFZ-Luftschlauch aus Kunststoff und Papp-Flex-Rohr, Schlauchschellen, Schrumpfschlauch und Kabelbindern war dann schnell erledigt.

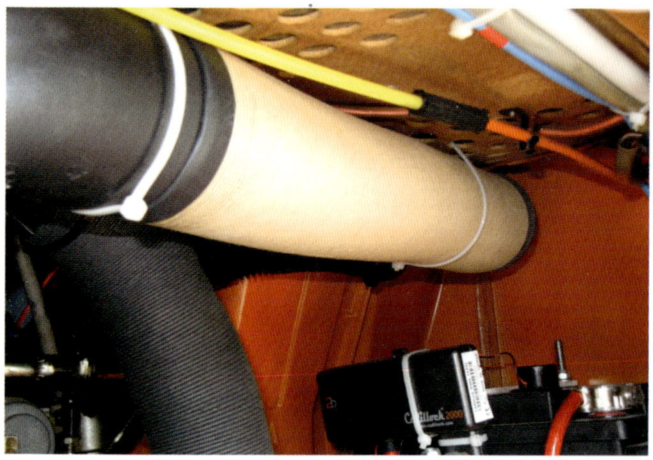

Luftkur: Mittels eines schlichten Stücks Schlauch lässt sich das Heizgebläse (oben) mit frischerer Luft füttern (MItte). Das untere Bild zeigt die Einbaulage des Lüfters.

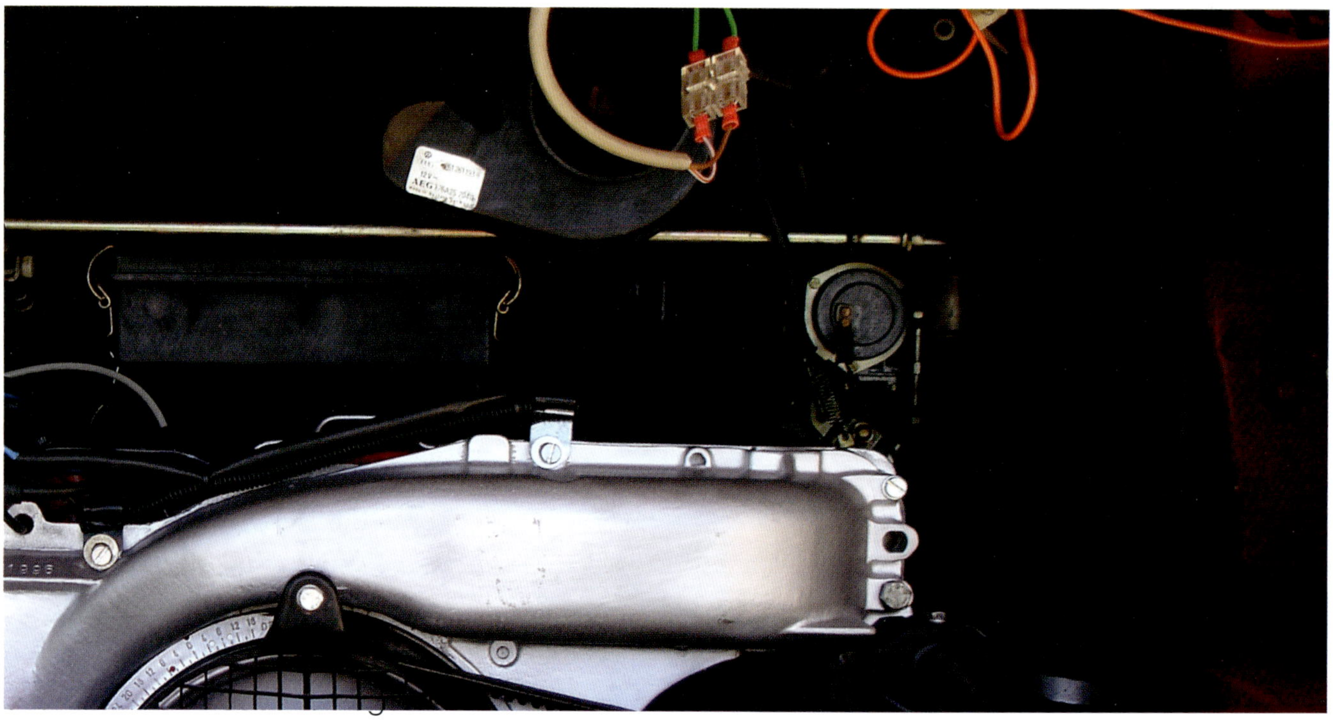

Die Zusatzheizung war einmal

Die benzinbetriebene Zusatzheizung war ohne Funktion. Es liefen lediglich die Lüfter. Der Zustand der Brennkammer war zumindest zweifelhaft. Laut TÜV müssen die Brennkammern alle zwei bis vier Jahre wegen der Vergiftungsgefahr ausgetauscht werden. Ersatzteile gibt es weder vom Hersteller noch von Volkswagen. Wir haben die Heizung ersatzlos ausgebaut.

Jetzt aber mussten neue Leitungen für die normale Heizung am Fahrzeug installiert werden. Der Bereich am Unterboden, den die Zusatzheizung eingenommen hatte, war ja jetzt frei.

Die Abgänge für die Innenräume mussten auch wieder angeschlossen werden. Die Verrohrung erfolgte mit HT-Rohr (Hochtemperaturrohr für Abwasserleitungen) aus dem Baumarkt und Aluminium-Flexrohr. An den Übergängen wurden HT-Rohreinlagen ins Flexrohr eingeschoben, damit die Schlauchschellen es nicht eindrückten.

Gibt's im Baumarkt: Weil die benzinbetriebene Zusatzheizung kaputt und kaum mehr zu ersetzen war, gab es neue Leitungen für die Serienheizung. Es handelt sich um schlichte Hochtemperaturrohre für häusliche Abwasserleitungen.

Den Hauptverkehr der Warmluft übernehmen die Baumarktrohre, an den Anschlüssen kommt flexibles Alurohr zum Einsatz. In der Nähe des Motors ist der Warmluftschlauch doppelwandig und bis 300 Grad Celsius beständig ausgeführt.

Das Reduzierstück in der Hauptleitung war erforderlich, damit der Teilluftstrom entsprechend der Druckverhältnisse auch in den Wohnraum gelangt.
Der flexible Heißluftschlauch, der die heiße Warmluft direkt von der Heizbirne in die Heizungsrohre am Fahrzeug leitet, war nicht mehr zu retten. Da es ihn nur noch für die kleineren Motoren gibt, mussten wir selbst etwas konstruieren. Mit flexiblem Heißluftschlauch (bis 300 °C) in zwei verschiedenen Durchmessern haben wir den originalen Heißluftschlauch ersetzt. Zwei Durchmesser deswegen, da das Original auch doppelwandig war und zwischen den Rohren eine Isolierung aufwies.

Die Schutzabdeckung (aus Blech) wurde entrostet sowie mit Grundierung und Farbe behandelt. Danach wurde noch eine dünne Schicht Unterbodenschutz aufgetragen. Die Schutzabdeckung am Unterboden für die Zusatzheizung wurde dann wieder montiert.

Selbstgemachtes Rohr-Sandwich aus Heißluftschläuchen unterschiedlichen Durchmessers

Zwar gibt es die Standheizung nicht mehr, dank neuer Installation funktioniert aber nun die serienmäßige hervorragend.

BLECH- UND LACKIERARBEITEN

Die Überholung der Karosserie außen

An der Karosserie mussten nicht besonders viele Arbeiten gemacht werden. Die Frontscheibe musste raus, denn es fand sich rechts eine Unterrostung. Die Stelle musste geschweißt und lackiert und die Frontscheibe musste wieder eingesetzt werden.
Die Blindabdeckung der Türschiene links und die Fensterunterkante waren ebenfalls vom Rost betroffen. Die Schienenabdeckung ist oft angegriffen, weil sie sich im Gischtbereich befindet. Dort schaut zudem selten jemand genau hin, und man bemerkt den Schaden erst, wenn es bereits zu rosten begonnen hat. Dann sind aber meist auch schon die Haltelaschen mit betroffen und angerostet.
Im Motorraum war der Bodenbereich an den Seiten angerostet. Das ist üblicherweise der Fall, weil die Fahrbatterien beim Ladevorgang ihre Schwefelgase in den Motorraum entgasen.

Farbe ist nicht gleich Farbe

Ein kleines Farbproblem ergab sich, als wir mit Signalorange nachlackiert hatten. Es stellte sich heraus, dass die Farbe aus der Spraydose mit dem Lack auf dem Bus nicht übereinstimmte. Wir hatten uns an der Herstellerangabe auf dem Typschild gerichtet, der Vorbesitzer hatte den Bus allerdings gelegentlich nachlackiert, und zwar in RAL 2004 (Orange). Die Stoßstangen tragen heute übrigens den RAL-Farbton 2000 (Weiß).

Rost an den hinteren seitlichen Fenstern

An den hinteren seitlichen Fenstern hatte sich im Laufe der Jahre leichter Rost auch unter den seitlichen Abdeckleisten gebildet. Er sollte noch vor dem Einbau der Inneneinrichtung beseitigt werden. Zunächst wurden die hinteren Seitenfenster ausgebaut.
Der Rahmen wurde von Schmutz und Gummistrichen gereinigt, dann der Rost bis aufs Blech abgeschliffen. Die Seiten des Fahrzeugs wurden großflächig mit Zeitungspapier abgeklebt. Die genaue Abklebung um den zu lackierenden Bereich wurde exakt mit Klebeband vorgenommen. Nachfolgende Bilder sind exemplarisch.

Fensterausbau nach alter Väter Sitte. Viele kleine Holzplättchen hebeln Gummi und Glas behutsam aus dem Rahmen.

Dahinter steckt immer ein kluger Kopf: Lieber zuviel Fläche abkleben als zuwenig, heißt die Devise. Hier soll nur die Fläche Farbe abbekommen, die sich unter dem Abdeckblech der Schiebetürführung verbirgt.

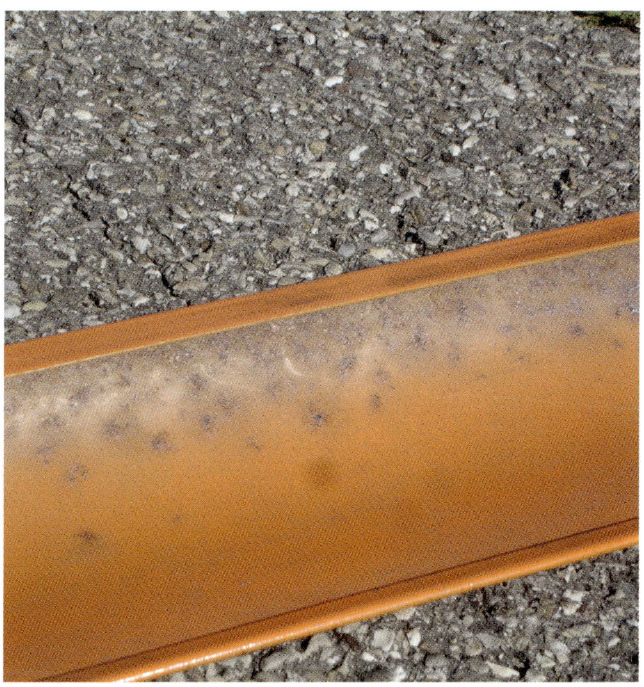

So etwas ist kein Drama: Die Abdeckung lässt sich schleifen, grundieren und ...

Die Fenster haben wir mit einem Ausbauset, bestehend aus sehr stabilen Brettchen und einer entsprechenden dickeren Schnur aus- und eingebaut. Auch hat uns natürlich der obligatorische Schraubendreher dabei geholfen.
Die beiden seitlichen Abdeckbleche wurden in dem Zug gleich wieder mit aufgearbeitet. Wir haben sie nur von innen entrostet und gespritzt.

Danach wurden die hinteren seitlichen Fenster wieder eingebaut. Hier hat uns die Schnur sehr gute Dienste geleistet. Vor dem Einbau haben wir die Hohlkehle der Fenstergummis mit einem leichten Fettfilm versehen.

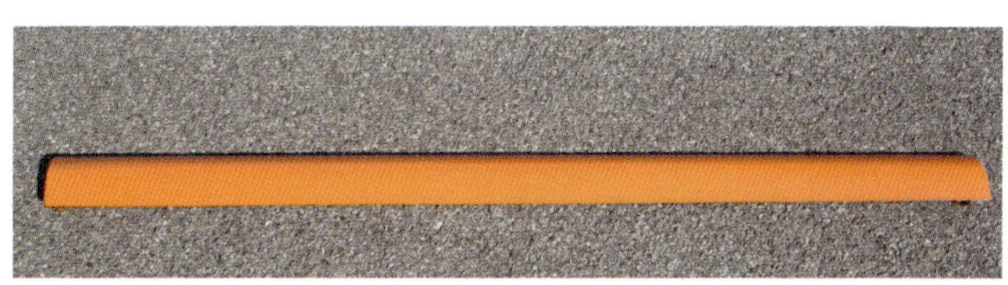

... schließlich ganz leicht im Wagenfarbton nachlackieren.

Kantenrost an der Frontmaske

An der Frontmaske unter der unteren Falznaht fand sich leichter Kantenrost, der einer Behandlung bedurfte. Dort wurde mit leichtem Schmirgelpapier der Rost entfernt, danach grundiert und mit Signalorange nachlackiert. Wir haben die Lackierung so ausgeführt, dass fast keine Lackierspuren zu sehen sind.
Wir haben die Lackierung mit der Originalfarbe Signalorange nachlackiert. Leider ist der Farbton am Fahrzeug doch anders als die Neufarbe. Da aber der Stoßfänger diesen Teil fast überdeckt, haben wir uns entschlossen, das so zu lassen.

Wie neu präsentiert sich die Frontpartie nach der Schönheitsreparatur.

Fehlfarbe: Beim Nachlackieren der vorderen Stoßstangenhalterung kam versehentlich ein leicht abweichender Farbton zum Einsatz. Macht nichts, die Partie verbirgt sich gleich wieder hinter der weißen Stoßstange.

An der Falznaht blühte Kantenrost. Es gilt wie stets: Abschleifen bis zum Blech, sauber grundieren und nachlackieren.

Die Stoßfänger

Die Stoßfänger waren am Fahrzeug in Signalorange lackiert. Durch den Betrieb beim Vorbesitzer waren sie etwas verkratzt.
Wir haben die Stoßfänger dann beim Lackierer aufarbeiten lassen und in Weiß RAL 2000, wie es einst auch an weiteren VW-Bussen üblich war, lackieren lassen. Das gibt dem Bus auch noch eine bessere Außenwirkung. Für die Stoßfänger haben wir zudem Gummileisten besorgt.

Mit Gummi: Die dicke schwarze Leiste schützt das weiße Bech und sieht gut aus.

Die Fahrerkabine braucht auch etwas Arbeit

In der Fahrerkabine wurden die alten Radhausabdeckungen abgenommen, da sie teilweise verschlissen waren und unansehnlich. Dann wurden die Klebereste abgeschliffen. Vor der weiteren Arbeit war noch eine Durchrostung im rechten Radhaus zu schweißen.

Die Reparaturstellen wurden grundiert und einfach mit der Spraydose in Signalorange gespritzt. In der Fahrerkabine wurden jetzt die Radhausabdeckungen erneuert und eingeklebt. Die mittlere Gummiabdeckung ließ sich nach der Reinigung wieder verwenden.

In die Reserveradmulde wurden drei rechteckige Abstandshalter 5 x 8 cm aus einem flexiblen Gummimaterial mit einer Stärke von etwa 5 mm eingeklebt, auf denen das Reserverad aufliegt.

Das Reserveradventil erhielt eine Verlängerung, damit sich das Rad mit der Schüsselöffnung nach oben einlegen lässt. So bleibt dort ein wenig zusätzlicher Ablageraum in der Radschüssel, und trotzdem lässt sich der Luftdruck noch kontrollieren. Die zuvor demontierten Sicherheitsgurte wurden an der gleichen Stelle wieder eingebaut.

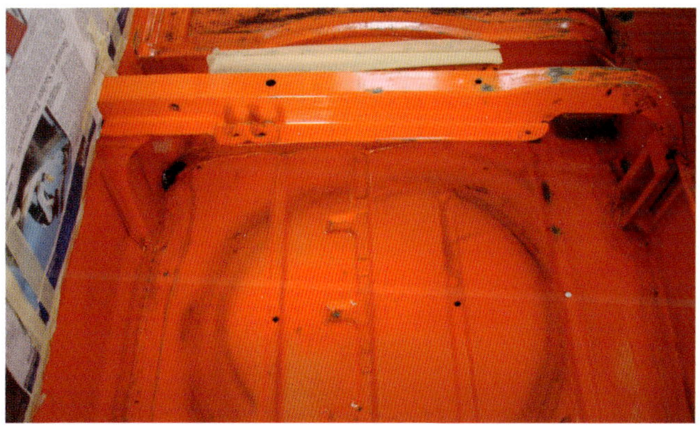

Erfreulich einfach: Auch die Macken im vorderen Abteil lassen sich dank simplen Transporter-Aufbaus leicht beseitigen. Zunächst gilt es Rostnester zu bekämpfen, dann kommt neue oder gereinigte Gummi-Auslegeware hinein. Das Reserverad lässt sich auch mit der Schüsselöfnung nach oben in die Mulde legen, so bleibt noch etwas mehr Stauraum.

10

DIE HÄNGERKUPPLUNG

Sehr praktisch ist eine Hängerkupplung, unter anderem zur Montage eines Fahrradträgers. Neue Kupplungen gibt es allerdings nicht mehr im Handel. Es werden von verschiedenen Teileanbietern gebrauchte Hängerkupplungen in unterschiedlichen Zuständen angeboten. Es ist sehr darauf zu achten, dass die Kugelkopfmaße stimmen – der Durchmesser soll 50 mm groß sein – und es keine An- oder Durchrostungen gibt.
Also haben auch wir eine Hängerkupplung bestellt. Der Zustand war gelinde gesagt bescheiden. Zurückgeschickt und eine neue angefordert. Die war dann als Restaurierungsobjekt brauchbar. Sie war außen durch den Betrieb angerostet, aber nicht beschädigt.
Wir haben den Kugelkopf und den Hals abgeklebt, die Hängerkupplung zum Sandstrahlen gebracht und danach den Hals vorsichtig entrostet. Schließlich wurde die Hängerkupplung grundiert und mit schwarzem Lack in der Werkstatt lackiert. Wichtig ist noch, dass das Typenschild einwandfrei lesbar ist. Dies ist für die Zulassung wichtig. Bei derart alten Fahrzeugen muss die Hängerkupplung wie früher in die Fahrzeugpapiere eingetragen werden. Leider fehlt bei diesen alten Teilen meist die technische Dokumentation.
In unserem Fall war nicht einmal mehr das Typenschild einwandfrei lesbar. Normalerweise kann da der Hersteller helfen. Den aber gibt es nicht mehr. Hilfe kam wieder vom TÜV. Das Typenschild lässt sich nachmachen und dann anhand des Vergleichs mit den Überresten des alten bei den Prüfern abnehmen. Diese ganze Prozedur führte letztlich zum Erfolg.
Sicher lässt sich darüber streiten, welche Steckdose die richtige ist, 7-polig oder 13-polig. Ich habe mich aus Bequemlichkeit für die 13-polige entschieden. Somit wird dann im Regelfall kein Adapter gebraucht.
Bei der TÜV-Abnahme hat sich die ganze Geschichte als nicht sehr kompliziert herausgestellt. Es war jedenfalls kein Thema. Die Kupplung ist bei diesen Fahrzeugbaujahren automatisch mit inbegriffen.

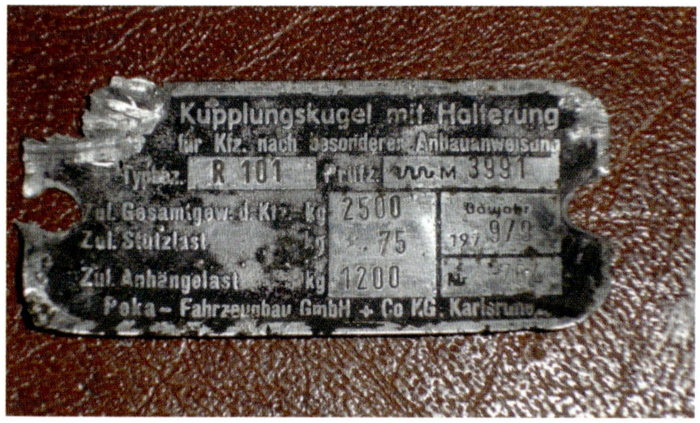

Camper-Plus Anhängerkupplung. Leider gibt es die nurmehr gebraucht zu kaufen. Hilfreich für die Zulassung ist es, wenn das alte Typenschild zumindest einigermaßen lesbar geblieben ist. Dann lässt sich eins nachfertigen und nach dem Vergleich durch den Prüfer auch abnehmen.

11

ZUM SCHLUSS

Die Kosten des ganzen Unternehmens

Und was kostet der Spaß nun am Ende? Nun, das hängt natürlich vom Aufwand ab. Wer auch aufwändige Restaurierungsarbeiten nicht scheut oder das Geld hat, sie von Profis erledigen zu lassen, wird auch schlechtere Busse kaufen als den hier vorgestellten. Wer aber mit einigermaßen geläufigen handwerklichen Fähigkeiten gleichsam als Durchschnittsschrauber so einen Camper-Umbau angeht, wird eine solide Basis suchen.
Die Arbeiten sollten sich auf das beschränken, was man in der heimischen Garage und einer normal ausgestatteten Schrauberwerkstatt erledigen kann. Wir hatten auch nicht vor, ein Ausstellungsstück aus unserem Bus zu machen. Zustand 2 bis 3 sollte es sein. Das bedeutet Alltagstauglichkeit und überschaubare Kosten.
Idealerweise ist also vor allem an der Karosserie nicht allzuviel zu machen. Die alte VW-Technik ist relativ einfach und gibt keine Geheimnisse auf. Für größere Blech- und Lackarbeiten aber sind spezielle Ausrüstung und Know-How – oder ein entsprechender Etat für die Fachleute – erforderlich.

Kauf des VW-Busses	7500 €
Motor/Getriebe/Bremsen	3375 €
Elektrik	1290 €
Innenausbau/Einrichtung	3050 €
Karosseriearbeiten	1395 €
Werkzeuge	130 €
Summe:	**16.740 €**

Hinzu kommen noch Leistungen, die wir nicht selbst erbracht haben.

Motoreinstellung*	150 €
TÜV-Abnahme	92 €
Gutachten (Versicherung)	120 €
Summe:	**312 €**

* Einstellung von: Vergaser, Zündung und Ventilen

Impressionen – vorher und nachher Erfolgsbilanz und Ansporn

Hier sind einige Bilder zum Vergleich der Anfangssituation mit dem Zustand nach den Restaurierungsarbeiten gegenübergestellt. Diese Bilder sollen auch einen Eindruck davon vermitteln, was mit relativ wenig Geld und überschaubarer Arbeitsleistung möglich ist.

Die Frontansicht – einfach ein wenig hübscher mit der weißen Stoßstange

Die Heckansicht – die Vorhänge verraten den Umbau

Klappe auf: Aus dem leerstehenden Büro ist ein Ferienzimmer geworden.

Beifahrerseite – der Kennerblick verrät die Unterschiede

Fahrerseite – ein neuer Anschluss und im Altzustand nur probehalber aufgeklebte Zusatzblinker

Hinter der Schiebetür blieb im Prinzip allerhand erhalten, aus dem Arbeits- wurde aber ein Erholungsraum.

Nettes Karo statt Behördengrau: Die hintere Sitzbank

Klapptisch alt und Klapptisch neu

Viele Fächer fürs Geschirr statt für Formulare

Glück mit dem Motor: Ohne großen Aufwand wurde aus dem – sagen wir – patinierten Flachmotor eine Augenweide.

Selbst im eingebauten Zustand macht das noch einen guten Eindruck.

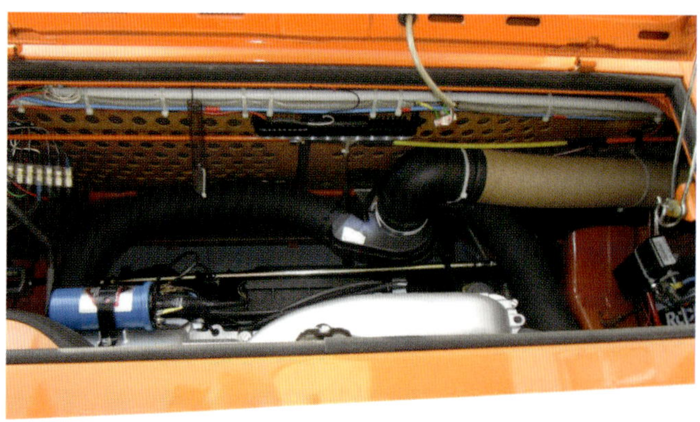

Noch ein Detail: Das Heizungsgebläse atmet jetzt frischere Luft.

Vom Gebrauchtwagen zum gepflegten Youngtimer: Bulli-Cockpit auf Hochglanz

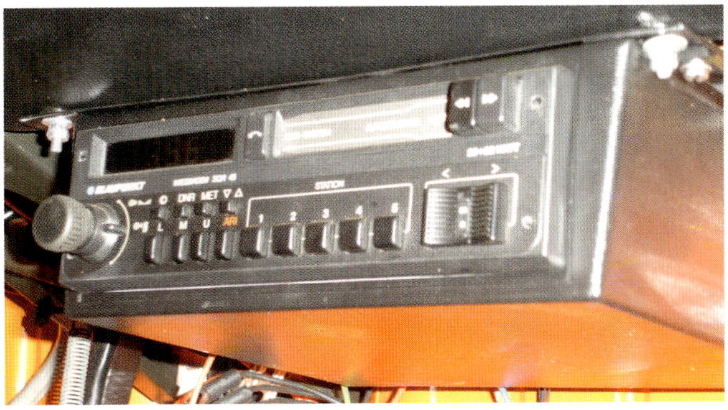

Zeitgenössisches Audio-Tuning: Kassettenradio von etwa1985

Einladend: der Einstieg auf der Beifahrerseite

Neu in der Informationszentrale sind der Drehzahlmesser (linkes Bild) sowie die Anzeigen für Öltemperatur und -druck und die Zeituhr.

Eine hässliche Ecke fand sich im Motorraum links. Nach der Lackierung und sauberer Elektrikerarbeit ist sie ein Schmuckstück.

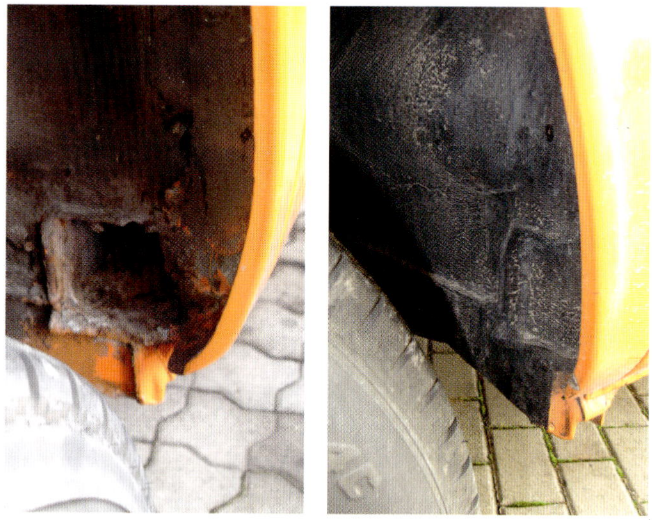

Ein paar Löcher fanden sich dann doch: Das im Radhaus auf der Fahrerseite wurde geschlossen und die Stelle mit Unterbodenschutz geschützt …

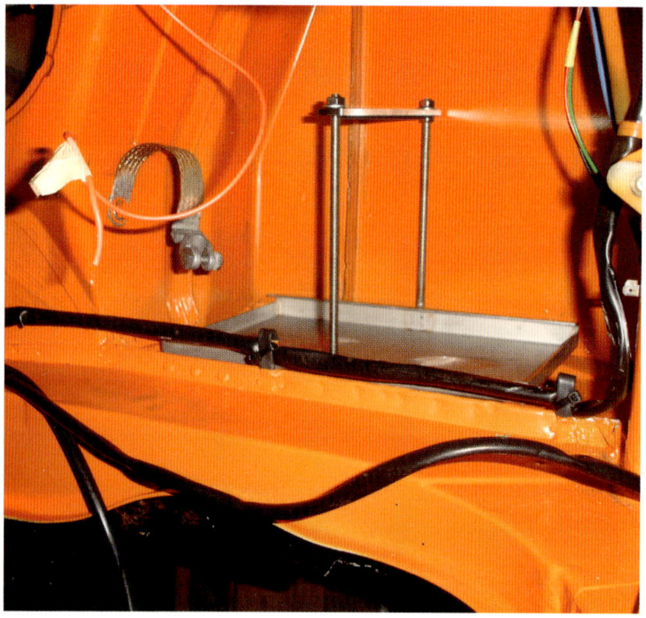

Auf dass die Batterie nicht mehr ätzend lecke, sitzt sie im renovierten Motorraum gut gesichert in einer Edelstahlschale.

… und genauso wurde auf der Beifahrerseite verfahren.

Gute Adressen

Zu den nachfolgend aufgeführten Firmen habe ich im Verlauf der Restaurierung teilweise gute Kontakte geknüpft und die notwendigen Informationen erhalten sowie Neuteile und Gebrauchtteile eingekauft. Darüber hinaus haben die Mitarbeiter uns meist gut beraten und sich viel Zeit für unsere Anliegen und Wünsche genommen. Nehmen Sie die Liste als Anregung dafür, an welche Art von Betrieben und Händlern Sie sich in Ihrer Region wenden können.

Die Rangfolge in der Liste ist rein zufällig entstanden und hat nichts mit der Qualifikation der Firmen zu tun.

1	VW Bus-Shop Am Sportfeld 3 64347 Griesheim	Teilelieferant speziell für VW-Busse, Nachfertigungen und Gebrauchtteile	Tel.: 05166/608310 www.vwbusshop.de
2	Quick Reifendiscount Benno-Strauß-Str. 1 90763 Fürth	Reifenlieferant und Montage für alle gängigen KFZ-Fabrikate	Tel.: 0911/9713923 www.quick.de
3	Stahlgruber Sigmundstraße 185 90431 Nürnberg	Teilelieferant für alle gängigen KFZ-Fabrikate	Tel.: 0180/5782454 www.stahlgruber.de
4	VW Graf Schwabacher Straße 382 90763 Fürth	Teilelieferant für Volkswagen und Classik Volkswagen	Tel.: 0911/997310 www.vw-graf.de
5	Auto Zentrum Nürnberg Heisterstraße 6 – 10 90441 Nürnberg	Teilelieferant für Volkswagen und Classik Volkswagen	Tel.: 0911/42360
6	Lösch Schrauben GmbH Fürther Straße 338 90429 Nürnberg	Lieferant für Schrauben und Befestigungen	Tel.: 0911/317553 www.loesch-schrauben-gmbh.de
7	Conrad Elektronik Fürther Straße 212 90429 Nürnberg	Lieferant für Elektroartikel und elektrisches Autozubehör.	Tel.: 0180/5564445 www.conrad.de
8	Meysel Druck Nürnberger Straße 19 91207 Lauf a.d.Pegnitz	Lieferant für die Bezugsfolien der Seitenwände und Deckenverkleidung	Tel.: 09123/9995090 www.meysel.de
9	Telle GmbH Sigmundstraße 176 90431 Nürnberg	Teilelieferant für Dichtungen, Schläuche und Zubehör	Tel.: 0911/657170 www.telle.de

10	Edelstahl-Design by J. Crouse Bachstraße 9 90522 Oberasbach	Lieferant für Edelstahlkonstruktionen nach Maß, etwa Abwassertank und Batteriehalter	Tel.: 0911/8107752 www.edelstahl-atelier.de
11	the drive Gähtjestrasse 15 24340 Eckernförde	Teilelieferant für das Batterie-Trennrelais	Tel.: 04351/667107 www.thedrive.de
12	Caravan Grebner Hafenstr. 11 90768 Fürth	Teilelieferant für Caravanzubehör und Ausbauteile	Tel.: 0911/731011 www.caravan-grebner.de
13	Sander Automobil-Restaurierung Am Bahnhof 4 25358 Horst	Lieferant für Mike Sanders Korrosionsschutzfett und Verarbeitungswerkzeug	Tel.: 04126/2095 www.mike-sander.de
14	Korrosionsschutzdepot Friedrich-Ebert-Straße 12 90579 Langenzenn	Lieferant für Antikorrosionsmaterialien und Verarbeitungswerkzeug.	Tel.: 09101/6801 www.korrosionsschutz-depot.de
15	A + R Reisemobile Gießener Straße 32 90427 Nürnberg	Teilelieferant für REMO und Caravanzubehör und Ausbauteile	Tel.: 0911/305050 www.a-u-r-freizeitmobile.de
16	Stempel Müller Jakobsplatz 11 – 15 90402 Nürnberg	Lieferant für ein Typenschild für die Anhängerkupplung	Tel.: 0911/22 23 24 www.geo-mueller.de
17	WERK 34 Heussner & Stauber Hannoversche Straße 41 34355 Staufenberg	Lieferant für die gebrauchte Anhängerkupplung	Tel.: 05543/94110 www.typ-17.de
18	Beetle Factory Winchenbachstraße 18 42281 Wuppertal	Lieferant für Motorenteile und Ölkühler samt Zubehör	Tel.: 0202/646066 www.beetle-factory.com
19	Goodridge Talstraße 227 67434 Neustadt	Lieferant für die Verlängerung der Ölleitung zum VDO-Geber für den Öldruck und den Warnkontakt	06321/484470 www.goodridge.net
18	Fritz Berger Fritz Berger Str.1 92318 Neumarkt/Opf.	Lieferant und Versand für Camping- und Wohnwagenzubehör	Tel.: 09181/330120 www.fritz-berger.de
20	Eugen Bender Bruckwiesenstraße 15 90441 Nürnberg	Lieferant für die Schaumstoffpolster	0911/414602 www.bender-shop.de
21	Der BUS-Doktor Karl Wenker Benno-Strauss-Straße 49 90763 Fürth	Meisterwerkstatt für VW-Busse (T1 bis T3) – Instandsetzung und Reparatur	Tel.: 0911/4709151 www.auto-werkstatt.de/fuerth/karl-wenker-kfz-handel-und-reparatur-aULNbb

Dank für die mannigfache Unterstützung

Bedanken möchte ich mich bei meiner Familie, meiner Frau, meinen Töchtern einschließlich ihrer Freunde, die einen nicht unerheblichen Teil zum Gelingen beigetragen haben. Natürlich stand auch der Wunsch dahinter, dass eines Tages das große Abenteuer unter die Räder des VW-Busses genommen werden soll.
Weiter geht mein Dank an Firmen, die uns gut beraten haben und bei denen wir Teile für die Restaurierung gekauft haben. Ansprechen möchte ich hier besonders Frau Günzel (VW Busshop), Frau D. Mudlaff (Fa. Eugen Bender), Herrn M. Schabert (Fa. Stahlgruber), Herrn Adler (Fa. VW-Graf) sowie Herrn Meysel jun. (Fa. Meysel).
Weiter bedanke ich mich bei meinen Freunden, die uns manchen Tipp gegeben haben, wo wir was bekommen könnten, auch Teile und Materialien, die üblicherweise nicht überall zu kaufen sind.
Dank geht auch an meine Nachbarn, die mir bei Bedarf im Vorbeigehen kurz mal zur Hand gingen.
Nicht zuletzt danke ich dem HEEL Verlag für die freundliche Aufnahme und gute Unterstützung.

Sicherheit ist ganz wichtig!

Bitte seien Sie sich bewusst, dass bei den im Buch dargestellten Arbeiten stets Gefahr besteht, dass Sie sich verletzen können. Wenn Sie nicht ganz sicher sind, sollten Sie einen Fachmann um Rat und Hilfe fragen. Im Buch werden einige Arbeiten geschildert, die durchaus ein gewisses Maß an handwerklichem Können voraussetzen.

Nachwort

So, jetzt habe ich meinen dritten VW-Bus ausgebaut und werde endlich häufiger mit meiner Frau kleinere und große Reisen machen und das Leben genießen. Es war eine schöne Arbeit, und es hat viel Freude gemacht, sie zu dokumentieren.

Bei den beiden ersten Bussen war ich auf diese Idee nicht gekommen, habe einfach nur gebaut. Immerhin gab es schon ein nettes Lob. Der TÜV-Prüfer sagte zum jüngsten Projekt: „So einen schön hergerichteten T2b habe ich noch nicht gesehen". Was ich ihm nicht ganz glauben kann; aber eine gewisse Bestätigung ist es schon.

Für die Einstufung der Versicherung haben wir ein Gutachten von Classic Data machen lassen. Das ist nicht ganz unwichtig für den Fall eines Unfalls, wenn man eine einigermaßen realistische Bewertung des Fahrzeugs benötigt. Das Ergebnis kann sich sehen lassen.

Das Projekt, hier auf ein paar Dutzend Seiten zusammengefasst, hat sich ein wenig hingezogen. Wie eingangs schon gesagt, gibt es da noch die Liebe zu einer rassigen Italienerin, die auch ihre Rechte einfordert. Der Alfa Romeo Giulia 1300 TI stammt von 1966, dem Jahr, in dem ich in die Lehre kam. Damals hatte ich nicht genug Geld für so ein sportliches Fahrzeug. Und mein Vater fuhr lieber Volkswagen. So ist das im Leben eben.

Das Projekt war auch in zwei Abschnitte aufgeteilt, da ich über weite Strecken allein daran gearbeitet habe. Zuerst kamen der Innenausbau, die Technik und die TÜV-Abnahmen nach dem Umbau. In den zweiten Abschnitt fielen der Einbauschrank, Wasserver- und entsorgung sowie die Küche.

Ich hoffe auch, dass die Politik in Zukunft für Oldtimerei genügend Spielraum lässt. Ich denke da nicht an teure Autos, die sich nur mit enormen Summen erhalten und restaurieren lassen, sondern vielmehr an die Leute mit Normalbudget. Das Hobby ist eine sinnvolle Freizeitbeschäftigung mit vielen Unternehmungen, schönen gemeinsamen Stunden und von mir aus auch mit Benzingesprächen. Zudem eröffnet sich die Chance, mit den Youngtimern auch die jüngere Generation zu begeistern.

Mit etwas Platz, etwas handwerklichem Geschick und einem Fahrzeug, das nicht als Rostlaube ins Haus kommt, lässt sich mit tatsächlich überschaubaren Kosten ein wundervolles Hobby betreiben. Ich wünsche allen viel Spaß mit dem Buch und freue mich, wenn es als Anregung taugt, es uns gleichzutun.

Ralf Wenzlau

Der Autor

Ralf Wenzlau, 1950 geboren in Darmstadt, aufgewachsen in Nordrhein-Westfalen und Niedersachsen, hat sich schon immer für Technik und technische Abläufe interessiert, insbesondere bei seiner Tätigkeit bei der Dokumentation von Schienenfahrzeugen. Nach der Absolvierung der Fachschule für Elektrotechnik 1977 kam die große Leidenschaft für die Automobiltechnik auf.

D
K 12
FÜ VW73H

Vom Start weg wurde der VW Transporter ein Welterfolgt. Dabei zeigte er sich wandlungsfähig - vom geduldigen spartanischen Lastesel mit Pritsche bis zu den Luxusausführungen "Samba", "Silberfisch" und "Caraelle Carat", die heute zu Höchstpreisen den Besitzer wechseln.

ISBN 978-3-95843-300-7
EUR (D) 29,95

Die erste VW-Bus-Reihe T1 genießt längst Ikonen-Status. Für gute Exemplare, namentlich für die legendären Samba-Busse, werden astronomische Summen aufgerufen. Wer sich vor dem Kauf gründlich informieren möchte, ist mit diesem Buch mit allen technischen Details aus fast 20 Jahren Bauzeit bestens beraten.

ISBN 978-3-95843-362-5
EUR (D) 19,99

ISBN 978-3-86852-817-6
EUR (D) 29,95

ISBN 978-3-86852-699-8
EUR (D) 35,–

ISBN 978-3-86852-601-1
EUR (D) 9,99

Unser gesamtes Programm erhalten Sie in jeder Buchhandlung oder unter www.heel-verlag.de